# 实验室生态环境保护管理合规性

# 百问百答手册

主　编　张永贵

副主编　闫浩春　韩晓莉　刘佳葳

U0252051

中国环境出版集团·北京

图书在版编目（CIP）数据

实验室生态环境保护管理合规性百问百答手册 / 张
永贵主编. -- 北京 : 中国环境出版集团, 2025. 1.
ISBN 978-7-5111-5875-8

Ⅰ. D922.685

中国国家版本馆CIP数据核字第20240R3V00号

**责任编辑** 宾银平　王　洋
**装帧设计** 宋　瑞

**出版发行** 中国环境出版集团
　　　　　　（100062　北京市东城区广渠门内大街16号）
　　　　　　网　　　址：http://www.cesp.com.cn
　　　　　　电子邮箱：bjgl@cesp.com.cn
　　　　　　联系电话：010-67112765（编辑管理部）
　　　　　　发行热线：010-67125803，010-67113405（传真）
　　　　　　印装质量热线：010-67113404
**印　　刷** 天津（玖龙）印刷有限公司
**经　　销** 各地新华书店
**版　　次** 2025年1月第1版
**印　　次** 2025年1月第1次印刷
**开　　本** 787×1092　1/32
**印　　张** 5
**字　　数** 100千字
**定　　价** 50.00元

**中国环境出版集团郑重承诺：**
中国环境出版集团合作的印刷单位、材料单位均具有中国环境标志产品认证。

# 编委会

# 前言

实验室（Laboratory/Lab），即进行实验的场所。实验室是科学的摇篮，是科学研究的基地，也是科技发展的源泉，对科技发展起着非常重要的作用。截至 2022 年 8 月底，中国累计认可实验室数量达 14 004 家。实验室规模不断扩大，且实验室涉及多行业、多领域，随之产生的安全、健康和环境问题日益突出，实验室废气、废液、固体废物等的排放及其污染问题越发严重，正越来越受到社会的关注。

为了贯彻落实《中华人民共和国环境保护法》等国家关于生态环境保护的方针、政策和法律法规要求，建立健全生态环境管理机制，全面提高实验室生态环境保护管理水平，切实履行生态环境保护的社会责任，打造绿色和谐的科研、生产、检验检测等实验室环境，实现实验室与环境协调发展，中国国检测试控股集团股份有限公司牵头编制了《实验室生态环境保护管理合规性百问百答手册》。本书针对实验室生态环境保护管理中的常见疑问，力求采用通俗易懂的语言，分基础知识、合法合规、大气污染防治、水污染防治、固体废物污染防治、噪声污染防治和应急管理七篇介绍相关知识，帮助大家了解国家生态环境管理相关政策法规和技术规范要求，以"手续合法，运行合规，专人专职，建章立制，资料齐全，记录完善，现场整洁，管理规范"为总体要求，做好生态环境保护工作。

限于水平和时间原因，不足之处在所难免，敬请广大读者批评指正。

编　者

2024 年 3 月

# 目录

## 第三篇　大气污染防治 /041

## 第四篇　水污染防治 /069

## 第五篇　固体废物污染防治 /085

## 第六篇　噪声污染防治 /121

第一篇

# 基础知识

# Q1. 什么是环境敏感区？

A 环境敏感区是指依法设立的各级各类保护区域和对建设项目产生的环境影响特别敏感的区域，主要包括下列区域：

（1）国家公园、自然保护区、风景名胜区、世界文化和自然遗产地、海洋特别保护区、饮用水水源保护区；

（2）除（1）外的生态保护红线管控范围，永久基本农田、基本草原、自然公园（森林公园、地质公园、海洋公园等）、重要湿地、天然林，重点保护野生动物栖息地，重点保护野生植物生长繁殖地，重要水生生物的自然产卵场、索饵场、越冬场和洄游通道，天然渔场，水土流失重点预防区和重点治理区、沙化土地封禁保护区、封闭及半封闭海域；

（3）以居住、医疗卫生、文化教育、科研、行政办公为主要功能的区域，以及文物保护单位。

**依据** 《建设项目环境影响评价分类管理名录（2021年版）》第三条。

# Q2. 什么是环境影响评价？

A 环境影响评价是指对规划和建设项目实施后可能

造成的环境影响进行分析、预测和评估，提出预防或者减轻不良环境影响的对策和措施，进行跟踪监测的方法与制度。

　　**依据**《中华人民共和国环境影响评价法》第二条。

## Q3. 什么是排污许可？

A排污许可是指环境保护主管部门根据排污单位的申请和承诺，通过发放排污许可证法律文书形式，依法依规规范和限制排污行为，明确环境管理要求，依据排污许可证对排污单位实施监管执法的环境管理制度。

　　**依据**《排污许可管理办法（试行）》第六十五条。

## Q4. 排污许可应如何分类管理？

A国家根据排放污染物的企业事业单位和其他生产经营者（简称排污单位）污染物产生量、排放量、对环境的影响程度等因素，实行排污许可重点管理、简化管理和登记管理。

　　**依据**《固定污染源排污许可分类管理名录（2019年版）》第二条。

## Q5. 什么是环境保护"三同时"制度？

A 环境保护"三同时"制度，是指建设项目中防治污染的设施，应当与主体工程同时设计、同时施工、同时投产使用。

**依据**

（1）《中华人民共和国环境保护法》第四十一条；

（2）《中华人民共和国水污染防治法》第十九条；

（3）《中华人民共和国噪声污染防治法》第二十五条；

（4）《建设项目环境保护管理条例》第十五条。

## Q6. 什么是竣工环境保护验收？

A 编制环境影响报告书、环境影响报告表的建设项目竣工后，建设单位应当按照国务院环境保护行政主管部门规定的标准和程序，对配套建设的环境保护设施进行验收，编制验收报告。

**依据** 《建设项目环境保护管理条例》第十七条。

实验室生态环境保护管理合规性百问百答手册

## Q7. 什么是"未批先建"？

A "未批先建"是指建设单位未依法报批建设项目环境影响报告书（表），或者未按照环境影响评价法第二十四条的规定重新报批或者重新审核环境影响报告书（表），擅自开工建设的违法行为，以及建设项目环境影响报告书（表）未经批准或者未经原审批部门重新审核同意，建设单位擅自开工建设的违法行为。

**依据** 《关于加强"未批先建"建设项目环境影响评价管理工作的通知》（环办环评〔2018〕18号）。

## Q8. 什么是"未验先投"？

A "未验先投"是指需要配套建设的环境保护设施未建成、未经验收或者验收不合格，建设项目即投入生产或者使用的行为。

**依据**

（1）《关于"未验先投"违法行为行政处罚新旧法律规范衔接适用问题的意见》（环法规函〔2019〕121号）；

（2）《建设项目环境保护管理条例》第十九条。

## Q9. 什么是大气污染？

A 大气污染是由于人类活动或自然过程引起某些物质进入大气中，呈现出足够的浓度，达到足够的时间，并因此危害了人体的舒适、健康和福利或环境的现象。

**依据** 《环境科学大辞典》编委会．环境科学大辞典（修订版）[M]．北京：中国环境科学出版社，2008.

## Q10. 什么是挥发性有机物（VOCs）？

A VOCs 是指参与大气光化学反应的有机化合物，或者根据有关规定确定的有机化合物。

在表征 VOCs 总体排放情况时，根据行业特征和环境管理要求，可采用总挥发性有机物（TVOC）、非甲烷总烃（NMHC）作为污染物控制项目。

**依据** 《挥发性有机物无组织排放控制标准》（GB 37822—2019）3.1 条。

## Q11. 什么是水污染？

A 水污染是指水体因某种物质的介入，而导致其化学、物理、生物或者放射性等方面特性的改变，从而影响水的有效利用，危害人体健康或者破坏生态环境，造成水质恶化的现象。

**依据**《中华人民共和国水污染防治法》第一百零二条。

## Q12. 化学实验废水包括哪些？

A 化学实验废水包括容器洗涤、仪器清洗及清洗沾染物等过程产生的废水（不包括废液及危险废弃物）。

**依据**《化学实验室废水处理装置技术规范》（GB/T 40378—2021）3.2条。

## Q13. 什么是固体废物？

A 固体废物是指在生产、生活和其他活动中产生的丧失原有利用价值或者虽未丧失利用价值但被抛弃或者放弃的固态、半固态和置于容器中的气态的物品、物质以及法律、行政法规规定纳入固体废物管理的物品、物质。经无害化加工处理，并且符合强制性国家产品质量标准，不会危害公众健康和生态安全，或者根据固体废物鉴别标准和鉴别程序认定为不属于固体废物的除外。

依据　《中华人民共和国固体废物污染环境防治法》第一百二十四条。

## Q14. 什么是一般工业固体废物？

A 一般工业固体废物是指企业在工业生产过程中产生且不属于危险废物的工业固体废物。

依据　《一般工业固体废物贮存和填埋污染控制标准》（GB 18599—2020）3.1 条。

## Q15. 什么是危险废物？

A 危险废物是指列入国家危险废物名录或者根据国家规定的危险废物鉴别标准和鉴别方法认定的具有危险特性的固体废物。

依据　《中华人民共和国固体废物污染环境防治法》第一百二十四条。

## Q16. 什么是噪声污染？

A 噪声污染是指超过噪声排放标准或者未依法采取防控措施产生噪声，并干扰他人正常生活、工作和学习的现象。

**依据**《中华人民共和国噪声污染防治法》第二条。

## Q17. 什么是突发环境事件？

A突发环境事件是指由于污染物排放或者自然灾害、生产安全事故等因素，导致污染物或者放射性物质等有毒有害物质进入大气、水体、土壤等环境介质，突然造成或者可能造成环境质量下降，危及公众身体健康和财产安全，或者造成生态环境破坏，或者造成重大社会影响，需要采取紧急措施予以应对的事件。

**依据**《突发环境事件应急管理办法》第二条。

第二篇
# 合法合规

# 一、项目前期的环保合规管理

## Q18. 实验室是否需要在项目申请书（可行性研究报告）中编制生态环境保护内容？

*A* 需要。根据《企业投资项目核准和备案管理办法》第十九条第三款，实验室应在项目申请报告（可行性研究报告中）设置生态环境保护章节，充分识别生态环境影响要素和环节，提出合理的生态环境保护和治理措施，明确环保投资估算。

**依据**《企业投资项目核准和备案管理办法》（中华人民共和国国家发展和改革委员会令　第2号）第十九条。

## Q19. 新建专业实验室、研发（试验）基地项目环境影响评价类别有哪些？

*A* 新建专业实验室、研发（试验）基地环境影响评价类别包括环境影响评价报告书和环境影响评价报告表，无登记表类别。其中P3、P4生物安全实验室[1]和转基因实验室，应编制环境影响报告书；其他（不产生实验废气、废水、危险废物的除外）编制环境影响

---

1 P3、P4生物安全实验室是指生物安全防护三级、四级实验室。

报告表。

**依据** 《建设项目环境影响评价分类管理名录（2021 年版）》 "专业实验室、研发（试验）基地" 规定了项目的环评类别。

## Q20. 实验室可以编制环境影响评价报告吗？

A 实验室自身具备环境影响评价技术能力的，可以自己编制建设项目环境影响报告书、环境影响报告表；不具备的，可以委托有环境影响评价技术能力的技术单位编制建设项目环境影响报告书、环境影响报告表。

**依据**

（1）《中华人民共和国环境影响评价法》第十九条；

（2）《建设项目环境影响报告书（表）编制监督管理办法》第二条。

## Q21. 环境影响评价的责任主体是谁？

A 建设单位应当对建设项目环境影响报告书、环境影响报告表的内容和结论负责。

**依据**

（1）《中华人民共和国环境影响评价法》第二十条；

（2）《建设项目环境影响报告书（表）编制监督管理办法》第三条。

## Q22. 环境影响评价报告审批时限是多久？

**A** 环境影响报告书审批时限为 60 日内，环境影响报告表审批时限为 30 日内。

**依据**

（1）《中华人民共和国环境影响评价法》第二十二条；

（2）《建设项目环境保护管理条例》第九条。

## Q23. 生态环境行政主管部门审批环境影响评价报告收费吗？

**A** 不收费。

**依据**

（1）《中华人民共和国环境影响评价法》第二十二条；

（2）《建设项目环境保护管理条例》第十二条。

## Q24. 建设项目取得环境影响评价报告批复后，若发生重大变动，企业应当怎么办？

A 企业应当重新报批建设项目的环境影响评价报告。

**依据**

（1）《中华人民共和国环境影响评价法》第二十四条；

（2）《建设项目环境保护管理条例》第十二条。

## Q25. 建设项目取得环境影响评价报告批复后，超过五年之后才开工建设，企业应该怎么办？

A 企业应该将环境影响评价文件报送至原审批部门重新审核。

**依据**

（1）《中华人民共和国环境影响评价法》第二十四条；

（2）《建设项目环境保护管理条例》第十二条。

## Q26. 建设项目环境影响评价文件未批准，建设单位可以提前开工建设吗？

A 不可以。

**依据**

（1）《中华人民共和国环境影响评价法》第二十五条；

（2）《建设项目环境保护管理条例》第九条。

## Q27. 建设项目环境影响类别为登记表，企业应该如何办理环保手续？

A 企业应在建设项目环境影响登记表备案系统（https://beian.china-eia.com/）上填报并备案。

**依据**

（1）《建设项目环境保护管理条例》第九条；

（2）《中华人民共和国环境影响评价法》第二十二条。

## Q28. 辐射类环境影响评价如何分类？

A 辐射类环境影响评价分为环境影响报告书、环境影响报告表、环境影响登记表三类。

**依据**　《放射性同位素与射线装置安全许可管理办法》第九条至第十一条。

## Q29. 实验室使用放射性同位素和射线装置，先申请领取辐射安全许可证还是先编制或填报环境影响评价文件？

*A* 先编制或填报环境影响评价文件，取得批复文件后再申请领取辐射安全许可证。

**依据**

（1）《中华人民共和国放射性污染防治法》第二十九条；

（2）《放射性同位素与射线装置安全许可管理办法》第七条。

## Q30. 实验室转让放射性同位素和射线装置，需要编制环境影响评价文件吗？

*A* 不需要。

**依据**　《放射性同位素与射线装置安全许可管理办法》第八条。

## 二、项目建设期的环保合规管理

### Q31. 建设项目初步设计文件中是否需要编制环境保护篇章？

A 需要编制环境保护篇章。

**依据**《建设项目环境保护管理条例》第十六条。

### Q32. 实验室是否应当将环境保护设施建设纳入施工合同？

A 应当将环境保护设施建设纳入施工合同。

**依据**《建设项目环境保护管理条例》第十六条。

### Q33. 建设项目建设过程中，建设单位是否应该落实环境影响评价文件和审批意见中提出的环境保护对策措施？

A 应该严格落实环境影响评价文件和批复文件中提出的对策措施。

**依据**《中华人民共和国环境影响评价法》第二十六条。

## Q34. 专业实验室是否需要申请排污许可证?

A 暂时不需要。专业实验室未纳入《固定污染源排污许可分类管理名录（2019 年版）》。

**依据** 《排污许可管理办法（试行）》第三条。

## Q35. 实验室建设项目竣工后，应如何开展验收工作?

A 建设项目竣工后，应参照验收技术指南或技术规范，编制验收监测报告或验收调查报告。

**依据** 《建设项目竣工环境保护验收暂行办法》（国环规环评〔2017〕4 号）第五条。

## Q36. 分期建设、分期投产的建设项目如何验收?

A 分期建设、分期投产的建设项目，应分期进行竣工环境保护验收。

**依据** 《建设项目环境保护管理条例》第十八条。

## Q37. 实验室可以编制验收报告吗？

A 实验室具备编制报告能力的，可以自己编制；不具备编制报告能力的，可以委托第三方机构进行编制，但要对第三方编制的报告结论负责。

**依据** 《建设项目竣工环境保护验收暂行办法》（国环规环评〔2017〕4号）第五条。

## Q38. 验收报告包括哪些内容？

A 验收报告包括验收监测报告或验收调查报告、验收专家意见和其他需要说明的事项三项内容。

**依据** 《建设项目竣工环境保护验收暂行办法》（国环规环评〔2017〕4号）第四条。

## Q39. 什么情况下企业不可以对环保设施进行调试？

A 两种情况下不可以：一是环境保护设施未与主体工程同时建成的；二是应当取得排污许可证但未取得的。

**依据** 《建设项目竣工环境保护验收暂行办法》（国环规环评〔2017〕4号）第六条。

## Q40. 验收监测开展的前提是什么？

A 验收监测应当在主体工程调试工况稳定、环境保护设施运行正常的情况下进行。

**依据** 《建设项目竣工环境保护验收暂行办法》（国环规环评〔2017〕4号）第六条。

## Q41. 验收监测（调查）报告编制完成后应该做什么？

A 验收监测（调查）报告编制完成后，企业应召开验收会，提出验收意见，通过验收评审后再编制"其他需要说明的事项"。

**依据** 《建设项目竣工环境保护验收暂行办法》（国环规环评〔2017〕4号）第七条、第十条。

## Q42. 建设项目从环保设施竣工到验收报告编制完成，需要进行几次公示？

A 三次。

（1）建设项目配套建设的环保设施竣工后，公开竣工日期。

（2）对建设项目配套建设的环境保护设施进行调试前，公开调试的起止日期。

（3）验收报告编制完成 5 个工作日后，公开验收报告，公示的期限不得少于 20 个工作日。

**依据**　《建设项目竣工环境保护验收暂行办法》（国环规环评〔2017〕4 号）第十一条。

## Q43. 建设项目验收周期是多久？

A 一般不超过 3 个月，环境保护设施需要进行调试或者整改的，验收期限可以延期，但最长不超过 12 个月。

**依据**　《建设项目竣工环境保护验收暂行办法》（国环规环评〔2017〕4 号）第十二条。

## Q44. 验收报告公示结束后，企业需要做什么？

A 首先登录全国建设项目竣工环境保护验收信息平台填报信息，填报完成后再将验收报告以及其他档案资料存档以备检查。

**依据**　《建设项目竣工环境保护验收暂行办法》（国环规环评〔2017〕4 号）第十三条。

## Q45. 环保设施未经验收或者验收不合格的，建设项目是否可以投入使用？

A 不可以。

**依据** 《建设项目环境保护管理条例》第十九条。

## Q46. 填报环境影响登记表的项目是否需要验收？

A 不需要。

**依据** 《建设项目环境保护管理条例》《建设项目环境影响登记表备案管理办法》《建设项目竣工环境保护验收暂行办法》均未明确登记表项目验收内容。因此，填报环境影响登记表的建设项目，不需要按《建设项目环境保护管理条例》第十九条的规定进行配套建设的环境保护设施验收，也不属于《建设项目环境保护管理条例》第二十三条规定的适用范围。

## Q47. 实验室在突发环境事件应急管理中的义务有哪些？

A 包括以下五个方面：

（1）开展突发环境事件风险评估；

（2）完善突发环境事件风险防控措施；

（3）排查治理环境安全隐患；

（4）制定突发环境事件应急预案并备案、演练；

（5）加强环境应急能力保障建设。

**依据**　《突发环境事件应急管理办法》第六条。

## Q48. 需要编制突发环境事件应急预案的企业有哪些？

*A* 有五种类型企业需要编制，具体如下：

（1）可能发生突发环境事件的污染物排放企业，包括污水、生活垃圾集中处理设施的运营企业；

（2）生产、贮存、运输、使用危险化学品的企业；

（3）产生、收集、贮存、运输、利用、处置危险废物的企业；

（4）尾矿库企业，包括湿式堆存工业废渣库、电厂灰渣库企业；

（5）其他应当纳入适用范围的企业。

**依据**　《企业事业单位突发环境事件应急预案备案管理办法（试行）》（环发〔2015〕4号）第三条。

## Q49. 哪些单位可以编制突发环境事件应急预案？

A 企业可以自行编制环境应急预案，也可以委托相关专业技术服务机构编制环境应急预案。如果委托相关专业技术服务机构编制的，企业应指定有关人员全程参与。

**依据** 《企业事业单位突发环境事件应急预案备案管理办法（试行）》（环发〔2015〕4号）第八条。

## Q50. 实验室应当如何制定突发环境事件应急预案？

A 实验室应该先成立环境应急预案编制组，开展环境风险评估和应急资源调查、环境应急预案的编制工作，编制完成后召开专家评审会，最后签署发布环境应急预案。

**依据** 《企业事业单位突发环境事件应急预案备案管理办法（试行）》（环发〔2015〕4号）第十条。

## Q51. 突发环境事件应急预案的责任主体是谁？

A 企业是突发环境事件应急预案的责任主体。

**依据**　《企业事业单位突发环境事件应急预案备案管理办法（试行）》（环发〔2015〕4号）第八条。

## Q52. 突发环境事件应急预案是否需要备案？

A 需要进行备案。

**依据**

（1）《中华人民共和国环境保护法》第四十七条；

（2）《突发环境事件应急管理办法》第十三条。

## Q53. 实验室办理突发环境事件应急预案备案时，需要提交哪些材料？

A 需要提交突发环境事件应急预案备案表、突发环境事件应急预案及编制说明、环境风险评估报告和环境应急资源调查报告、专家评审意见的纸质文件和电子文件。

**依据**　《企业事业单位突发环境事件应急预案备

案管理办法（试行）》（环发〔2015〕4号）第十五条。

## Q54. 突发环境事件应急预案备案受理周期是多久？

**A** 五个工作日。

　　**依据** 《企业事业单位突发环境事件应急预案备案管理办法（试行）》（环发〔2015〕4号）第十六条。

## Q55. 需要重新修订突发环境事件应急预案的情况有哪些？

**A** 以下七种情况需要重新修订：

　　（1）满三年未进行修订的；

　　（2）面临的环境风险发生重大变化，需要重新进行环境风险评估的；

　　（3）应急管理组织指挥体系与职责发生重大变化的；

　　（4）环境应急监测预警及报告机制、应对流程和措施、应急保障措施发生重大变化的；

　　（5）重要应急资源发生重大变化的；

　　（6）在突发事件实际应对和应急演练中发现问

题，需要对环境应急预案作出重大调整的；

（7）其他需要修订的情况。

**依据**　《企业事业单位突发环境事件应急预案备案管理办法（试行）》（环发〔2015〕4号）第十二条。

## Q56. 企业需要制定环境安全隐患排查治理制度吗？

A 需要。

**依据**　《突发环境事件应急管理办法》第十条。

## 三、项目运营期的环保合规管理

## Q57. 项目运营期排放大气污染物，企业应该遵守什么要求？

A 应当符合大气污染物排放标准，遵守重点大气污染物排放总量控制要求。

**依据**　《中华人民共和国大气污染防治法》第十八条。

## Q58. 项目运营期排放水污染物，企业应该遵守什么要求？

A 不得超过国家或者地方规定的水污染物排放标准和重点水污染物排放总量控制指标。

**依据** 《中华人民共和国水污染防治法》第十条。

## Q59. 项目运营期排放噪声，企业应该遵守什么要求？

A 企业排放噪声应符合噪声排放标准。

**依据** 《中华人民共和国噪声污染防治法》第二十二条。

## Q60. 项目运营期产生固体废物，企业应该遵守什么要求？

A 企业应该采取防扬散、防流失、防渗漏或者其他防止污染环境的措施，不得擅自倾倒、堆放、丢弃、遗撒固体废物。

**依据** 《中华人民共和国固体废物污染环境防治法》第二十条。

## Q61. 需要披露环境信息的企业有哪些？

A 以下五类企业需要披露环境信息：

（1）重点排污单位；

（2）实施强制性清洁生产审核的企业；

（3）符合《企业环境信息依法披露管理办法》第八条规定的上市公司及合并报表范围内的各级子公司；

（4）符合《企业环境信息依法披露管理办法》第八条规定的发行企业债券、公司债券、非金融企业债务融资工具的企业；

（5）法律法规规定的其他应当披露环境信息的企业。

**依据**　《企业环境信息依法披露管理办法》第七条、第八条、第九条。

## Q62. 企业环境信息披露有几种形式？

A 有两种形式，分别是年度环境信息依法披露报告和临时环境信息依法披露报告。

**依据**　《企业环境信息依法披露管理办法》第十一条。

## Q63. 信息披露的时限是多久？

A 年度环境信息依法披露报告是企业应当于每年 3 月 15 日前披露上一年度 1 月 1 日至 12 月 31 日的环境信息。

临时环境信息依法披露报告是企业自收到相关法律文书之日起五个工作日内以临时环境信息依法披露报告的形式，披露相关环境信息。

**依据**　《企业环境信息依法披露管理办法》第十七条、第十九条。

## Q64. 年度环境信息依法披露报告包括哪些内容？

A 年度环境信息依法披露报告包括以下内容：

（1）企业基本信息；

（2）企业环境管理信息；

（3）污染物产生、治理与排放信息；

（4）碳排放信息；

（5）生态环境应急信息；

（6）生态环境违法信息；

（7）本年度临时环境信息依法披露情况；

（8）法律法规规定的其他环境信息。

实施强制性清洁生产审核的企业披露年度环境信息时，还应当披露以下信息：

（1）实施强制性清洁生产审核的原因；

（2）强制性清洁生产审核的实施情况、评估与验收结果。

上市公司和发债企业披露年度环境信息时，还应当披露以下信息：

（1）上市公司通过发行股票、债券、存托凭证、中期票据、短期融资券、超短期融资券、资产证券化、银行贷款等形式进行融资的，应当披露年度融资形式、金额、投向等信息，以及融资所投项目的应对气候变化、生态环境保护等相关信息；

（2）发债企业通过发行股票、债券、存托凭证、可交换债、中期票据、短期融资券、超短期融资券、资产证券化、银行贷款等形式融资的，应当披露年度融资形式、金额、投向等信息，以及融资所投项目的应对气候变化、生态环境保护等相关信息。

**依据**　《企业环境信息依法披露管理办法》第十二条、第十四条、第十五条。

## Q65. 临时环境信息依法披露报告包括哪些内容？

A 临时环境信息依法披露报告包括以下内容：

（1）生态环境行政许可准予、变更、延续、撤销等信息；

（2）因生态环境违法行为受到行政处罚的信息；

（3）因生态环境违法行为，其法定代表人、主要负责人、直接负责的主管人员和其他直接责任人员被依法处以行政拘留的信息；

（4）因生态环境违法行为，企业或者其法定代表人、主要负责人、直接负责的主管人员和其他直接责任人员被追究刑事责任的信息；

（5）生态环境损害赔偿及协议信息；

（6）企业发生突发环境事件的，应当依照有关法律法规规定披露相关信息。

**依据** 《企业环境信息依法披露管理办法》第十七条。

## Q66. 企业未产生《企业环境信息依法披露管理办法》规定的环境信息，是否需要进行信息披露？

A 可以不予披露。

**依据** 《企业环境信息依法披露管理办法》第十六条。

## Q67. 企业是否可以对已披露的环境信息进行变更？

A 企业可以根据实际情况对已披露的环境信息进行变更；进行变更的，应当以临时环境信息依法披露报告的形式变更，并说明变更事项和理由。

**依据** 《企业环境信息依法披露管理办法》第十八条。

## Q68. 哪些单位需要缴纳环境保护税？

A 在中华人民共和国领域和中华人民共和国管辖的其他海域，直接向环境排放应税污染物的企业事业单位和其他生产经营者为环境保护税的纳税人，应当依照环境保护税法的规定缴纳环境保护税。

**依据**《中华人民共和国环境保护税法》第二条。

## Q69. 企业环境保护税的计算和缴纳有哪些要求？

A 企业环境保护税应按月计算，按季申报缴纳。若不能按固定期限缴纳的，也可以按次申报缴纳。

**依据**《中华人民共和国环境保护税法》第十八条。

## Q70. 企业应当何时缴纳环境保护税？

A 按季申报缴纳应当自季度终了之日起十五日内申报并缴纳税款。按次申报并缴纳应当自纳税义务发生之日起十五日内申报并缴纳税款。

**依据**《中华人民共和国环境保护税法》第十九条。

## Q71. 实验室污染防治设施拆除，是否需要审批？

A 需要进行审批。

**依据**

（1）《中华人民共和国环境保护法》第四十一条；

（2）《中华人民共和国固体废物污染环境防治法》第五十五条。

# 四、违反《中华人民共和国环境保护法》的严重后果

## Q72. 企业发生哪些违法行为设备会被扣押？

*A* 企业违反法律法规规定排放污染物，造成或者可能造成严重污染的，县级以上人民政府生态环境主管部门可以查封、扣押造成污染物排放的设施、设备。

**依据** 《中华人民共和国环境保护法》第二十五条。

## Q73. 企业在什么情况下会被处以按日计罚？

*A* 企业因违法排放污染物，受到罚款处罚并被责令改正的情况下，仍拒不改正的，生态环境主管部门可以自责令改正之日的次日起，按照原处罚数额按日连续处罚。

**依据** 《中华人民共和国环境保护法》第五十九条。

## Q74. 企业发生哪些违法行为会被责令停业、关闭？

A 企业超过污染物排放标准或者超过重点污染物排放总量控制指标排放污染物的，县级以上人民政府生态环境主管部门可以责令其采取限制生产、停产整治等措施；情节严重的，报经有批准权的人民政府批准，责令停业、关闭。

**依据** 《中华人民共和国环境保护法》第六十条。

## Q75. 企业发生哪些违法行为，责任人会被行政拘留？

A 企业有以下四种情况尚不构成犯罪的，除依照有关法律法规规定予以处罚外，由县级以上人民政府生态环境主管部门或其他有关部门将案件移送公安机关，对直接负责的主管人员和其他直接责任人员，处十日以上十五日以下拘留；情节较轻的，处五日以上十日以下拘留。

（1）建设项目未依法进行环境影响评价，被责令停止建设，拒不执行的；

（2）违反法律规定，未取得排污许可证排放污染物，被责令停止排污，拒不执行的；

　　（3）通过暗管、渗井、渗坑、灌注或者篡改、伪造监测数据，或者不正常运行防治污染设施等逃避监管的方式违法排放污染物的；

　　（4）生产、使用国家明令禁止生产、使用的农药，被责令改正，拒不改正的。

　　**依据**《中华人民共和国环境保护法》第六十三条。

## Q76. 哪些企业在什么情况下需承担连带责任？

A 环境影响评价机构、环境监测机构以及从事环境监测设备和防治污染设施维护、运营的机构，在环境服务活动中弄虚作假，对造成的环境污染和生态破坏负有责任的，除依照有关法律法规规定予以处罚外，还应当与造成环境污染和生态破坏的其他责任者承担连带责任。

　　**依据**《中华人民共和国环境保护法》第六十五条。

第三篇

# 大气污染防治

# 一、废气收集要求

## Q77. 实验室废气是否需要收集处理？

A 需要。实验室废气具有来源广、点位分散等特点，有效收集处理可以避免废气无组织排放至周围环境。

**依据**

（1）《中华人民共和国大气污染防治法》第四十五条；

（2）《大气污染治理工程技术导则》（HJ 2000—2010）5.1 条。

## Q78. 实验室常见的废气收集方式有哪些？

A 根据实验室单元易挥发物质的产生和使用情况，统筹设置废气收集装置，如排风柜或排风罩。可根据废气特征，在条件允许的情况下，进行分质收集处理，同质废气宜集中收集处理。

**依据**

（1）《实验室挥发性有机物污染防治技术规范》（DB11/T 1736—2020）；

（2）《实验室废气污染控制技术规范》（DB32/T 4455—2023）。

## Q79. 实验室废气收集装置应如何选择？

*A* 有机溶剂年使用量＜0.1 t 的实验室单元，可选用内置高效过滤器的无管道通风柜。有机溶剂年使用量＞0.1 t 且＜1 t 的实验室单元，宜选用有管道的通风柜。有机溶剂年使用量＞1 t 的实验室单元，整体应安装废气收集装置，并保持微负压，避免无组织废气逸散。

**依据** 《实验室挥发性有机物污染防治技术指南》（T/ACEF 001—2020）6.2 条。

## Q80. 对实验室废气收集排风罩有哪些要求？

*A* 废气收集装置材质应防腐防锈，每月定期维护，存在泄漏时需停止实验并及时修复。

**依据** 《实验室挥发性有机物污染防治技术指南》（T/ACEF 001—2020）。

## Q81. 实验室废气收集排风罩应安装在什么位置？

*A* 使用有机溶剂作为进样的仪器，应在其上方安装外部罩，其设置应符合 GB/T 16758—2008 的规定。

**依据**

（1）《实验室挥发性有机物污染防治技术指南》
（T/ACEF 001—2020）；

（2）《排风罩的分类及技术条件》（GB/T 16758—2008）。

# 二、废气治理要求

## Q82. 实验室无机废气处理方法一般有哪些？

*A* 无机废气可采用吸收法或吸附法进行处理。

**依据**《实验室废气污染控制技术规范》（DB32/T 4455—2023）。

## Q83. 挥发性有机废气处理方法有哪些？

*A* 挥发性有机废气处理方法主要有回收类方法和消除类方法。回收类方法主要有吸附法、吸收法、冷凝法和膜分离法等；消除类方法主要有燃烧法、生物法、低温等离子体法和催化氧化法等。

**依据**

（1）《大气污染治理工程技术导则》（HJ 2000—2010）；

（2）《环境工程　名词术语》（HJ 2016—2012）；

（3）《关于印发〈重污染天气重点行业应急减排措施制定技术指南（2020 年修订版）〉的函》（环办大气函〔2020〕340 号）。

## Q84. VOCs 处理技术的选用原则是什么？

A（1）在工业生产过程中鼓励 VOCs 的回收利用，并优先鼓励在生产系统内回用。

（2）含高浓度 VOCs 的废气，宜优先采用冷凝回收、吸附回收技术。

（3）含中等浓度 VOCs 的废气，可采用吸附技术回收有机溶剂，或采用催化燃烧和热力焚烧技术净化后达标排放。当采用催化燃烧和热力焚烧技术进行净化时，应进行余热回收利用。

（4）含低浓度 VOCs 的废气，有回收价值时可采用吸附技术、吸收技术对有机溶剂回收后达标排放；不宜回收时，可采用吸附浓缩燃烧技术、生物技术、吸收技术、等离子体技术或紫外光高级氧化技术等净化后达标排放。

（5）含有有机卤素成分 VOCs 的废气，宜采用非焚烧技术处理。

（6）恶臭气体污染源可采用生物技术、等离子

体技术、吸附技术、吸收技术、紫外光高级氧化技术
或组合技术等进行净化。净化后的恶臭气体除满足达
标排放的要求外，还应采取高空排放等措施，避免产
生扰民问题。

　　**依据**　《挥发性有机物（VOCs）污染防治技术
政策》（环境保护部公告　2013 年第 31 号）。

## Q85. 挥发性有机物污染控制选用的活性炭有什么要求？

*A* 目前，市场上存在大量质量低、吸附效果差的活性
炭，难以满足 VOCs 污染控制要求。生态环境部 2021 年
8 月 4 日发布的《关于加快解决当前挥发性有机物治
理突出问题的通知》（环大气〔2021〕65 号）中对
活性炭的要求是"采用颗粒活性炭作为吸附剂时，其
碘值不宜低于 800 mg/g""采用活性炭纤维作为吸附
剂时，其比表面积不低于 1 100 $m^2$/g（BET 法）"；
《煤质颗粒活性炭　气相用煤质颗粒活性炭》（GB/T
7701.1—2008）中规定了空气净化用煤质活性炭四氯化
碳吸附率应大于等于 50%；《活性炭纤维毡》（HG/T
3922—2006）规定了以黏胶基或聚丙烯腈基为基材制
定的活性炭纤维毡的各项技术指标。

> **依据**

（1）《关于加快解决当前挥发性有机物治理突出问题的通知》（环大气〔2021〕65号）；

（2）《煤质颗粒活性炭　气相用煤质颗粒活性炭》（GB/T 7701.1—2008）；

（3）《活性炭纤维毡》（HG/T 3922—2006）。

## Q86. 实验室有机废气处理方法一般有哪些？

A 有机废气一般采用吸附法进行处理，采用吸附法时，宜采用原位再生等废吸附剂产生量较低的技术。

> **依据** 《实验室废气污染控制技术规范》（DB32/T 4455—2023）。

## Q87. 吸附法处理有机废气一般采用哪种吸附介质？

A 吸附法处理有机废气一般采用活性炭、活性炭纤维、分子筛等作为吸附介质。

> **依据** 《实验室挥发性有机物污染防治技术指南》（T/ACEF 001—2020）。

## Q88. 吸附介质更换周期一般为多久？

A 更换周期应综合考虑有机溶剂的使用量和实验强度等因素，原则上不应长于 6 个月。

**依据**《实验室挥发性有机物污染防治技术指南》（T/ACEF 001—2020）。

# 三、废气排放要求

## Q89. 实验室废气排放的要求是什么？

A 实验室单位产生的废气应通过排风柜或排风罩等方式收集，按照相关工程技术规范对净化工艺和设备进行科学设计和施工，排出室外的有机、无机废气应符合 GB 14554 和 DB32/4041 的规定（国家或地方行业污染物排放标准中对实验室废气已作规定的，按相应行业排放标准规定执行）。

**依据**《实验室废气污染控制技术规范》（DB32/T 4455—2023）。

## Q90. 实验室是否需要设置废气排放口?

A 需要。

**依据** 《中华人民共和国大气污染防治法》第二十条。

## Q91. 实验室废气排放口设置的原则是什么?

A 便于采集样品,便于计量监测,便于日常现场监督检查。

**依据** 《排污口规范化整治技术要求(试行)》(环监〔1996〕470号)。

## Q92. 实验室废气排放口设置的技术要求有哪些?

A (1)有组织排放废气的排气筒数量、高度应满足环境影响报告书(表)及审批意见、登记表备案文书、竣工验收意见与结论。

(2)排气筒应设置便于采样、监测的采样口。采样口的设置应符合《污染源监测技术规范》要求。

(3)采样口位置满足《污染源监测技术规范》

要求，且由当地环境监测部门确认。

（4）无组织排放有毒有害气体的，应加装引风装置，进行收集、处理，并设置采样点。

**依据** 《排污口规范化整治技术要求（试行）》（环监〔1996〕470号）。

## Q93. 实验室排气筒的高度有什么要求？

A 实验室排气筒高度一般不应低于15 m，同时应高出周围200 m半径范围建筑5 m以上。

**依据** 《大气污染物综合排放标准》（GB 16297—1996）。

## Q94. 实验室废气排放口标志牌的具体要求是什么？

A （1）废气排放口图形符号有提示图形符号和警告图形符号两种。

（2）图形颜色及装置颜色：提示标志底和立柱为绿色，图案、边框、支架和文字为白色；警告标志底和立柱为黄色，图案、边框、支架和文字为黑色。

（3）辅助标志内容：排放口标志名称、单位名称、编号、污染物种类、××生态环境局监制。

（4）辅助标志字型为黑体字。

（5）平面固定式标志牌外形尺寸：

提示标志：480 mm×300 mm；

警告标志：边长420 mm。

（6）立式固定式标志牌外形尺寸：

提示标志：420 mm×420 mm；

警告标志：边长560 mm；

高度：标志牌最上端距地面2 m、地下0.3 m。

（7）标志牌材料：标志牌采用1.5～2 mm冷轧钢板；立柱采用38 mm×4 mm无缝钢管；表面采用搪瓷或者反光贴膜。

（8）标志牌表面搪瓷处理或贴膜处理，端面及立柱要经过防腐处理。

废气图形符号见图1。

（a）提示图形符号　　　　（b）警告图形符号

**图1　废气图形符号**

**依据**　《关于印发排放口标志牌技术规格的通知》（环办〔2003〕95 号）。

## 四、废气监测要求

### Q95. 实验室是否需要对排放的废气开展自行监测？

**A** 需要。

**依据**　《中华人民共和国大气污染防治法》第二十四条。

### Q96. 废气自行监测点位应如何确定？

**A** 有组织排放监测：①外排口监测点位：点位设置应满足 GB/T 16157、HJ 75 等技术规范的要求。净烟气与原烟气混合排放的，应在排气筒，或烟气汇合后的混合烟道上设置监测点位；净烟气直接排放的，应在净烟气烟道上设置监测点位，有旁路的旁路烟道也应设置监测点位。②内部监测点位：当污染物排放标准中有污染物处理效果要求时，应在相应污染物处理设施单元的进出口设置监测点位。当环境管理文件有要求，或排污单位认为有必要的，可设置开展相应监测内容的内部监测点位。

无组织排放监测：点位的设置具体要求按相关污染物排放标准及 HJ/T 55、HJ 733 等执行。

**依据**《排污单位自行监测技术指南　总则》（HJ 819—2017）。

## Q97. 废气自行监测指标应如何确定？

A 各外排口监测点位的监测指标应至少包括所执行的国家或地方污染物排放（控制）标准、环境影响评价文件及其批复、排污许可证等相关管理规定明确要求的污染物指标。排放纳入相关有毒有害或优先控制污染物名录中的污染物指标，或其他有毒污染物指标。

主要排放口的监测指标：

（1）二氧化硫、氮氧化物、颗粒物（或烟尘/粉尘）、挥发性有机物中排放量较大的污染物指标；

（2）能在环境或动植物体内积蓄对人类产生长远不良影响的有毒污染物指标（存在有毒有害或优先控制污染物相关名录的，以名录中的污染物指标为准）；

（3）排污单位所在区域环境质量超标的污染物指标。

　　**依据**　《排污单位自行监测技术指南　总则》
（HJ 819—2017）。

## Q98. 废气自行监测频次的基本原则是什么?

*A*　（1）不低于国家或地方发布的标准、规范性文件、
规划、环境影响评价文件及其批复等明确规定的监测
频次;

　　（2）主要排放口的监测频次高于非主要排放口;

　　（3）主要监测指标的监测频次高于其他监测
指标;

　　（4）排向敏感地区的应适当增加监测频次;

　　（5）排放状况波动大的,应适当增加监测频次;

　　（6）历史稳定达标状况较差的需增加监测频次,
达标状况良好的可以适当降低监测频次;

　　（7）监测成本应与排污企业自身能力相一致,
尽量避免重复监测。

　　**依据**　《排污单位自行监测技术指南　总则》
（HJ 819—2017）。

## Q99. 废气自行监测频次应如何确定？

A 主要排放口监测点位最低监测频次：①重点排污单位主要监测指标为次/月、次/季度，其他监测指标为次/半年、次/年；②非重点排污单位主要监测指标为次/半年、次/年，其他监测指标为次/年。

其他排放口监测点位最低监测频次：①重点排污单位为次/半年、次/年；②非重点排污单位为次/年。

内部监测点位的监测频次根据该监测点位设置目的、结果评价的需要、补充监测结果的需要等进行确定。

**依据**《排污单位自行监测技术指南  总则》（HJ 819—2017）。

## Q100. 实验室排放有毒有害大气污染物的监测要求是什么？

A 需要对排放口和周边环境进行定期监测。

**依据**《中华人民共和国大气污染防治法》第七十八条。

## Q101. 有毒有害大气污染物名录包含哪些污染物？

A 有毒有害大气污染物名录包含二氯甲烷、甲醛、三氯甲烷、三氯乙烯、四氯乙烯、乙醛、镉及其化合物、铬及其化合物、汞及其化合物、铅及其化合物、砷及其化合物。

**依据** 关于发布《有毒有害大气污染物名录（2018 年）》的公告（生态环境部　国家卫生健康委员会公告　2019 年第 4 号）。

## Q102. 实验室废气采样口位置设置要求有哪些？

A （1）避开对测试人员操作有危险的场所；

（2）设置在距弯头、阀门、变径管下游方向不小于 6 倍直径和距上述部件上游方向不小于 3 倍直径处；

（3）采样断面的气流速度最好在 5 m/s 以上。

**依据** 《固定源废气监测技术规范》（HJ/T 397—2007）。

## Q103. 实验室现场空间位置有限时应当如何设置采样点位？

A 选择比较适宜的管段采样，但采样断面与弯头等的距离至少是烟道直径的 1.5 倍，并适当增加测点的数量和采样频次。

**依据** 《固定源废气监测技术规范》（HJ/T 397—2007）。

## Q104. 实验室矩形烟道直径应如何确定？

A 采用当量直径。其当量直径 $D = 2AB \div (A + B)$，式中的 $A$、$B$ 为边长。

**依据** 《固定源废气监测技术规范》（HJ/T 397—2007）。

## Q105. 实验室废气采样平台的设置要求有哪些？

A 采样平台应有足够的工作面积保证工作人员安全、方便操作。平台面积不小于 1.5 m²，并设 1.1 m 高的护栏和不低于 10 cm 的脚部挡板，采样平台的承重不小于 200 kg/m²，采样孔距平台面为 1.2 ～ 1.3 m。

**依据**《固定源废气监测技术规范》（HJ/T 397—2007）。

## Q106. 实验室废气采样孔的设置要求有哪些?

*A* 采样孔的内径应不小于 80 mm，采样孔管长应不大于 50 mm。不使用时应用盖板、管堵或管帽封闭。当采样孔仅用于采集气态污染物时，其内径应不小于 40 mm。

**依据**《固定源废气监测技术规范》（HJ/T 397—2007）。

## Q107. 实验室监测数据保存及公开的要求有哪些?

*A* 保存原始监测记录不少于 5 年，并向社会公开监测结果。

**依据**

（1）《企业环境信息依法披露管理办法》第十二条；

（2）《排污单位自行监测技术指南　总则》（HJ

819—2017）；

（3）《排污许可管理条例》第十九条。

# 五、运行管理要求

## Q108. 实验室常见的易挥发物质有哪些？

A 直链或含分枝链的烃：己烷、戊烷、庚烷等；

环状烃：环己烷、松节油、环丙烯、环己烯等；

芳香烃：苯、甲苯、二甲苯、苯乙烯等；

卤代烃：四氯化碳、三氯甲烷、1,2-二氯乙烯、1,1,1-三氯乙烷、1,2-二氯乙烷、三氯乙烯、四氯乙烯、1,1,2,2-四氯乙烷等；

含硝基的烃：硝基甲烷、硝基乙烷等；

酯：乙酸乙酯、乙酸异丙酯、乙酸丁酯等；

醇：甲醇、乙醇、异丙醇、正丁醇、乙二醇、己二醇等；

酮：丙酮、甲基乙基酮等；

醛：甲醛、乙醛等；

醚：乙醚、异丙醚、石油醚等；

无机酸：盐酸、氢氟酸、硝酸、磷酸等；

无机碱：氨等；

其他：二硫化碳、嘧啶、氨基化合物、汽油、煤油、石脑油、矿物油精、混合性碳氢化合物等。

**依据**　《实验室废气污染控制技术规范》（DB32/T 4455—2023）附录 A。

## Q109. 实验室易挥发物质管理的要求有哪些？

*A*　（1）加强对易挥发物质的采购、储存和使用管理。建立易挥发物质购置和使用登记制度，记录所购买及使用的易挥发物质种类、采购量、使用量、回收量、废弃量及记录人等信息。

（2）易挥发物质应使用密闭容器包装或贮存于试剂柜（库）中，并采取措施控制污染物挥发。

（3）编制易挥发物质实验操作规范，涉及易挥发物质使用且具有非密闭环节的实验操作应在具有废气收集的装置中进行。

（4）贮存易挥发实验废物的包装容器应加盖、封口，保持密闭；储存易挥发实验废物的仓库应设置废气收集处理设施。

**依据**　《实验室废气污染控制技术规范》（DB32/T 4455—2023）。

## Q110. VOCs 收集和净化装置如何进行运行维护？

*A* （1）净化装置的管理应纳入实验室日常管理中，配备专业管理人员和技术人员，掌握应急情况下的处理措施。

（2）净化装置应在产生 VOCs 的实验前开启、在实验结束后需继续开启 10 min，保证 VOCs 处理完全，再停机，并实现联动控制。净化装置运行过程中发生故障，应及时停用检修。

（3）净化装置建设方应提供净化装置的使用要求和操作规程。建立运行、维护和操作规程，明确设施的检查周期，建立主要设备运行状况的台账制度，保证设施正常运行。

（4）确保及时更换吸附剂。

（5）建立净化装置运行状况、设施维护等的记录制度，主要维护记录内容包括：净化装置的启动、停止时间；吸附剂更换时间；净化装置运行工艺控制参数，至少包括净化装置进、出口浓度；主要设备维修情况；运行事故及维修情况。

**依据**《实验室挥发性有机物污染防治技术指南》（T/ACEF 001—2020）。

## Q111. 大气污染防治需设置的台账有哪些？

A 废气污染防治设施基本信息与运行管理信息表、防治设施异常情况信息表、有组织废气（手工／在线监测）污染物监测原始结果表、无组织废气污染物监测原始结果表（表1～表4）。

**依据** 《排污单位环境管理台账及排污许可证执行报告技术规范　总则（试行）》（HJ 944—2018）。

**表 1　废气污染防治设施基本信息与运行管理信息表**

| 防治设施名称 | 防治设施编码 | 防治设施型号 | 主要防治设施规格参数 | | | 运行状态 | | | 污染物排放情况 | | | | 排气筒高度/m | 排口温度/℃ | 压力/kPa | 排放时间/h | 耗电量/kW·h | 副产物 | | 药剂添加情况 | | |
|---|---|---|---|---|---|---|---|---|---|---|---|---|---|---|---|---|---|---|---|---|---|---|
| | | | 参数名称 | 单位 | 设计值 | 开始时间 | 结束时间 | 是否正常 | 烟气量/(m³/h) | 污染因子 | 治理效率/% | 数据来源 | | | | | | 名称 | 产生量/t | 名称 | 添加时间 | 添加量/t |
| | | | | | | | | | | | | | | | | | | | | | | |

记录时间：　　　　记录人：　　　　审核人：

注：根据行业特点及监测情况，选择记录"治理效率"。

**表 2　防治设施异常情况信息表**

| 防治设施名称 | 编码 | 异常情况起始时刻 | 异常情况终止时刻 | 污染物排放情况 | | | 事件原因 | 是否报告 | 应对措施 |
|---|---|---|---|---|---|---|---|---|---|
| | | | | 污染物种类 | 排放浓度 | 排放去向 | | | |
| | | | | | | | | | |

记录时间：　　　　记录人：　　　　审核人：

## 表 3　有组织废气（手工/在线监测）污染物监测原始结果表

| 序号 | 排放口编号 | 监测日期 | 监测时间 | 出口 | | | | | | | | 进口 | | | | | | | | |
|---|---|---|---|---|---|---|---|---|---|---|---|---|---|---|---|---|---|---|---|---|
| | | | | 标态干烟气量/（m³/h） | 氧含量/% | 二氧化硫/（mg/m³） | | 颗粒物/（mg/m³） | | 氮氧化物/（mg/m³） | …… | 标态干烟气量/（m³/h） | 氧含量/% | 二氧化硫/（mg/m³） | | 颗粒物/（mg/m³） | | 氮氧化物/（mg/m³） | | …… |
| | | | | | | 监测结果 | 折标值 | 监测结果 | 折标值 | 监测结果 | 折标值 | | | 监测结果 | 折标值 | 监测结果 | 折标值 | 监测结果 | 折标值 | |
| | | | | | | | | | | | | | | | | | | | | |

记录人：　　　　　　　　　　　审核人：

记录时间：

注：进口监测数据按照监测方法、设备条件、企业需求选择性填报。

## 表 4　无组织废气污染物监测原始结果表

| 序号 | 生产设施/无组织排放编号 | 监测日期 | 监测时间 | 二氧化硫/（mg/m³） | 颗粒物/（mg/m³） | 氮氧化物/（mg/m³） | …… |
|---|---|---|---|---|---|---|---|
| | | | | | | | |

记录人：　　　　　　　　　　　审核人：

记录时间：

# 六、大气污染违法行为

## Q112. 实验室常见大气污染物排放违法行为有哪些？

A 涉及大气污染物排放的环境违法行为包括：

（1）未依法取得排污许可证排放大气污染物的；

（2）企业超过大气污染物排放标准或者超过重点大气污染物排放总量控制指标排放大气污染物的；

（3）通过逃避监管的方式排放大气污染物的。

违法后果：责令改正或者限制生产、停产整治，并处十万元以上一百万元以下的罚款；情节严重的，报经有批准权的人民政府批准，责令停业、关闭；拒不改正的，依法作出处罚决定的行政机关可以自责令改正之日的次日起，按照原处罚数额按日连续处罚。

**依据** 《中华人民共和国大气污染防治法》第一百二十三条。

## Q113. 实验室常见大气污染防治违法行为有哪些？

A 涉及大气污染防治的环境违法行为及违法后果如下：

（1）产生含挥发性有机物废气的生产和服务活动，未在密闭空间或者设备中进行，未按照规定安装、使用污染防治设施，或者未采取减少废气排放措施的，责令改正，处二万元以上二十万元以下的罚款；拒不改正的，责令停产整治。

（2）未按照国家有关规定采取有利于减少持久性有机污染物排放的技术方法和工艺，配备净化装置的，责令改正，处一万元以上十万元以下的罚款；拒不改正的，责令停工整治或者停业整治。

**依据**　《中华人民共和国大气污染防治法》第一百零八条、第一百一十七条。

## Q114. 实验室常见大气污染物监测违法行为有哪些？

*A* 涉及大气污染物监测的环境违法行为包括：

（1）侵占、损毁或者擅自移动、改变大气环境质量监测设施或者大气污染物排放自动监测设备的；

（2）未按照规定对所排放的工业废气和有毒有害大气污染物进行监测并保存原始监测记录的；

（3）未按照规定安装、使用大气污染物排放自动监测设备或者未按照规定与生态环境主管部门的监控设备联网，并保证监测设备正常运行的；

（4）重点排污单位不公开或者不如实公开自动监测数据的；

（5）未按照规定设置大气污染物排放口的；

（6）排放有毒有害大气污染物名录中所列有毒有害大气污染物的企业事业单位，未按照规定建设环境风险预警体系或者对排放口和周边环境进行定期监测、排查环境安全隐患并采取有效措施防范环境风险的。

违法后果：除排放有毒有害大气污染物未开展监测的责令改正，处一万元以上十万元以下的罚款以外，其余各项行为责令改正，处二万元以上二十万元以下的罚款；拒不改正的，责令停产整治。

**依据**《中华人民共和国大气污染防治法》第一百条、第一百一十七条。

第四篇
# 水污染防治

# 一、废水处理要求

## Q115. 实验室废水常用处理处置方法有哪些？

A （1）酸、碱采用中和反应去除；

（2）重金属离子采用重金属螯合、混凝形成沉淀去除；

（3）胶体性和颗粒性污染物采用混凝沉降法去除；

（4）有机污染物根据水质选用氧化法或生化法去除；

（5）微生物污染物采用消毒法去除。

依据 《化学实验室废水处理装置技术规范》（GB/T 40378—2021）。

## Q116. 实验室废水处理设施收集储存单元有什么要求？

A （1）宜能够容纳正常情况下不小于 1 d 处理量的废水。

（2）应设有筛网，以确保后续设备的可靠运行。

依据 《化学实验室废水处理装置技术规范》

（GB/T 40378—2021）5.1 条。

## 二、废水排放要求

### Q117. 实验室含有毒和有害物质的污水、废水排放要求是什么？

A 凡含有毒和有害物质的污水、废水，均应进行必要的处理，达到国家或地方排放标准后方能排放；同时应结合当地的环评要求进行相关设计。

**依据**《检验检测实验室技术要求验收规范》（GB/T 37140—2018）。

### Q118. 实验室废水污染物排放总量控制指标有哪些？

A 化学需氧量、氨氮。

**依据** 关于印发《建设项目主要污染物排放总量指标审核及管理暂行办法》的通知（环发〔2014〕197 号）。

## Q119. 实验室污水排放口设置的原则是什么？

A 便于采集样品，便于计量监测，便于日常现场监督检查。

**依据**《排污口规范化整治技术要求（试行）》（环监〔1996〕470号）。

## Q120. 实验室污水排放口规范化技术要求有哪些？

A （1）合理确定污水排放口位置；

（2）采样点设置在总排口、排放一类污染物的车间排放口、污水处理设施的进水口和出水口等；

（3）设置规范的，便于测量流量、流速的测流段；

（4）列入重点整治的污水排放口安装流量计；

（5）一般污水排放口可安装三角堰、矩形堰、测流槽等测流装置或其他计量装置。

**依据**《排污口规范化整治技术要求（试行）》（环监〔1996〕470号）。

## Q121. 实验室废水排放口标志牌的具体要求是什么？

*A* （1）废水排放口图形符号有提示图形符号和警告图形符号两种。

（2）辅助标志字型为黑体字；

（3）平面固定式标志牌外形尺寸：

提示标志：480 mm×300 mm；

警告标志：边长420 mm。

（4）立式固定式标志牌外形尺寸：

提示标志：420 mm×420 mm；

警告标志：边长560 mm；

高度：最上端距地面2 m、地下0.3 m。

（5）标志牌采用1.5～2 mm的冷轧钢板，立柱采用38 mm×4 mm的无缝钢管，表面采用搪瓷或者反光贴膜。

（6）标志牌表面搪瓷处理或贴膜处理，端面及立柱需防腐处理。

（7）标志牌及立柱无明显变形，标志牌表面完整。

废水图形符号见图2。

（a）提示图形符号　　　　（b）警告图形符号

**图2　废水图形符号**

**依据**《关于印发排放口标志牌技术规格的通知》（环办〔2003〕95号）。

## Q122. 实验室废水排放口标志牌应当如何选取？

A 排放一般污染物的排放口设置提示性标志牌；排放剧毒、致癌物及对人体有严重危害物质的排放口设置警告性标志牌。

**依据**《排污口规范化整治技术要求（试行）》（环监〔1996〕470号）。

# 三、废水监测要求

## Q123. 废水自行监测点位应当如何确定？

A（1）外部监测点位：在污染物排放标准规定的监控位置设置监测点位；

（2）内部监测点位：当有污染物处理效果要求时，在相应污染物处理设施单元的进出口设置监测点位。当环境管理文件有要求，或排污单位认为有必要的，设置开展相应监测内容的内部监测点位。

**依据** 《排污单位自行监测技术指南　总则》（HJ 819—2017）。

## Q124. 废水自行监测指标应当如何确定？

A（1）化学需氧量、五日生化需氧量、氨氮、总磷、总氮、悬浮物、石油类中排放量较大的污染物指标；

（2）污染物排放标准中规定的监控位置为车间或生产设施废水排放口的污染物指标，以及有毒有害或优先控制污染物相关名录中的污染物指标；

（3）排污单位所在流域环境质量超标的污染物指标；

（4）监测指标至少包括所执行的国家或地方污染物排放（控制）标准、环境影响评价文件及其批复、排污许可证等相关管理规定明确要求的污染物指标；

（5）纳入相关有毒有害或优先控制污染物名录中的污染物指标，或其他有毒污染物指标。

**依据**　《排污单位自行监测技术指南　总则》（HJ 819—2017）。

## Q125. 废水自行监测频次应当如何确定？

*A*　（1）不低于国家或地方发布的标准、规范性文件、规划、环境影响评价文件及其批复等明确规定的监测频次。

（2）外排口监测点位最低频次：①重点排污单位的主要监测指标为每日或每月1次，其他监测指标为每季度或每半年1次；②非重点排污单位的主要监测指标为每季度1次，其他监测指标为每年1次。

（3）内部监测点位主要监测指标的监测频次高于其他监测指标。

**依据**　《排污单位自行监测技术指南　总则》（HJ 819—2017）。

## Q126. 实验室排放有毒有害水污染物的监测要求是什么？

A 对排污口和周边环境进行监测。

**依据** 《中华人民共和国水污染防治法》第三十二条。

## Q127. 有毒有害水污染物名录包含哪些污染物？

A 二氯甲烷、三氯甲烷、三氯乙烯、四氯乙烯、甲醛、镉及镉化合物、汞及汞化合物、六价铬化合物、铅及铅化合物、砷及砷化合物。

**依据** 关于发布《有毒有害水污染物名录（第一批）》的公告（生态环境部　国家卫生健康委员会公告　2019 年第 28 号）。

## Q128. 监测数据是否需要向社会公开？

A 需要向社会公开监测结果。

**依据**

（1）《企业环境信息依法披露管理办法》第十二条；

（2）《排污单位自行监测技术指南　总则》
（HJ 819—2017）。

## 四、运行管理要求

### Q129. 化学实验室废水处理工艺控制条件有哪些?

A（1）pH 调节池的 pH 控制在 6～9;

（2）处理后的重金属浓度满足 GB 8978 的规定或相关排放标准要求;

（3）混凝沉降时间为 0.5～2 h;

（4）氧化池反应时间为 15～60 min;

（5）生化处理水力停留时间为 2～10 h。

**依据** 《化学实验室废水处理装置技术规范》（GB/T 40378—2021）。

### Q130. 水污染防治需设置的台账有哪些?

A应该有：废水污染防治设施运行管理信息表、防治设施异常情况信息表、废水监测仪器信息表、废水污染物监测结果表等（表 5～表 8）。

## 表 5　废水污染防治设施运行管理信息表

| 防治设施名称 | 编码 | 防治设施型号 | 主要防治设施规格参数 | | | 运行状态 | | | 污染物排放情况 | | | | | 污泥产生量 | 处理方式 | 耗电量 | 药剂情况 | | |
|---|---|---|---|---|---|---|---|---|---|---|---|---|---|---|---|---|---|---|---|
| | | | 参数名称 | 设计值 | 单位 | 开始时间 | 结束时间 | 是否正常 | 出口流量/(m³/d) | 污染因子 | 治理效率/% | 数据来源 | 排放去向 | | | | 名称 | 添加时间 | 添加量/t |
| | | | | | | | | | | | | | | | | | | | |

记录人：　　　　　　　　　　　　　审核人：

记录时间：

注：根据行业特点及监测情况，选择记录"治理效率"。

## 表 6　防治设施异常情况信息表

| 防治设施名称 | 编码 | 异常情况起始时刻 | 异常情况终止时刻 | 污染物排放情况 | | | 事件原因 | 是否报告 | 应对措施 |
|---|---|---|---|---|---|---|---|---|---|
| | | | | 污染物种类 | 排放浓度 | 排放去向 | | | |
| | | | | | | | | | |

记录人：　　　　　　　　　　　　　审核人：

记录时间：

## 表 7 废水监测仪器信息表

| 排放口编码 | 污染物种类 | 监测采样方法及个数 | 监测次数 | 测定方法 | 监测仪器型号 | 备注 |
|---|---|---|---|---|---|---|
| | | | | | | |

记录时间：　　　　记录人：　　　　审核人：

## 表 8 废水污染物监测结果表

| 序号 | 排放口编号 | 监测日期 | 监测时间 | 出口 | | | | 入口 | | | |
|---|---|---|---|---|---|---|---|---|---|---|---|
| | | | | 化学需氧量/（mg/L） | 生化需氧量/（mg/L） | 氨氮/（mg/L） | 悬浮物/（mg/L） | …… | 化学需氧量/（mg/L） | 生化需氧量/（mg/L） | 氨氮/（mg/L） | 悬浮物/（mg/L） | …… |
| | | | | | | | | | | | |

记录时间：　　　　记录人：　　　　审核人：

注：进口监测数据按照监测方法、设备条件、企业需求选择性填报。

**依据**《排污单位环境管理台账及排污许可证执行报告技术规范　总则（试行）》（HJ 944—2018）。

# 五、水污染违法行为

## Q131. 常见水污染物排放违法行为有哪些？

A （1）超许可排放浓度排放污染物；
（2）超许可排放量排放污染物。

**依据**

（1）《中华人民共和国环境保护法》第六十条；
（2）《排污许可管理条例》第三十四条。

## Q132. 常见废水处理违法行为有哪些？

A 预处理的废水不满足污水集中处理设施处理工艺要求，由县级以上人民政府生态环境主管部门责令改正或者责令限制生产、停产整治，并处10万～100万元罚款，情节严重的，责令停业、关闭。

**依据**《中华人民共和国水污染防治法》第八十三条。

## Q133. 常见水污染物监测违法行为有哪些？

*A* （1）未按照规定对所排放的水污染物自行监测，或者未保存原始监测记录的；

（2）未按照规定安装水污染物排放自动监测设备，未按照规定与生态环境主管部门的监控设备联网，或者未保证监测设备正常运行的；

（3）未按照规定对有毒有害水污染物的排污口和周边环境进行监测，或者未公开有毒有害水污染物信息的。

发生以上违法行为的企业，由县级以上人民政府生态环境主管部门责令限期改正，处 2 万元以上 20 万元以下的罚款；逾期不改正的，责令停产整治。

**依据**

（1）《中华人民共和国水污染防治法》第八十二条；

（2）《排污许可管理条例》第三十六条。

# 第五篇

# 固体废物污染防治

# 一、固体废物管理总体要求

## Q134. 实验室是否需要建立污染环境防治责任制度？

*A* 产生工业固体废物的实验室应当建立健全工业固体废物产生、收集、贮存、运输、利用、处置全过程的污染环境防治责任制度。

**依据** 《中华人民共和国固体废物污染环境防治法》第三十六条。

## Q135. 实验室固体废物是否需要进行信息公开？

*A* 产生、收集、贮存、运输、利用、处置固体废物的实验室，应当依法及时公开固体废物污染环境防治信息，主动接受社会监督。

**依据** 《中华人民共和国固体废物污染环境防治法》第二十九条。

## Q136. 实验室固体废物委托外单位处置运输需要注意什么？

A 需要对受托方的主体资格和技术能力进行核实，依法签订书面合同，在合同中约定污染防治要求。

**依据** 《中华人民共和国固体废物污染环境防治法》第三十七条。

## 二、实验室一般工业固体废物管理要求

## Q137. 实验室一般工业固体废物管理台账填报前要做哪些准备？

A （1）分析一般工业固体废物的产生情况；

（2）明确负责人及相关设施、场地；

（3）确定接受委托的利用处置单位。

**依据** 关于发布《一般工业固体废物管理台账制定指南（试行）》的公告（生态环境部公告 2021 年第 82 号）。

## Q138. 实验室一般工业固体废物管理台账填报包括哪些内容？

*A* 一般工业固体废物管理台账实施分级管理。

（1）表9～表11为必填信息，主要用于记录固体废物的基础信息及流向信息，所有产废单位均应当填写。表9按年填写，应当结合环境影响评价、排污许可等材料，根据实际生产运营情况记录固体废物产生信息，生产工艺发生重大变动等原因导致固体废物产生种类等发生变化的，应当及时另行填写表9；表10按月填写，记录固体废物的产生、贮存、利用、处置数量和利用、处置方式等信息；表11按批次填写，每一批次固体废物的出厂以及转移信息均应当如实记录。

（2）表12～表15为选填信息，主要用于记录固体废物在产废实验室内部的贮存、利用、处置等信息。表12～表15，根据地方及企业管理需要填写，省级生态环境主管部门可根据工作需要另行规定具体适用范围和记录要求。填写时应确保固体废物的来源信息、流向信息完整准确；根据固体废物产生周期，可按日或按班次、批次填写。

（3）产废实验室填写台账记录表时，应当根据自身固体废物产生情况，从表16中选择对应的固体

废物种类和代码，并根据固体废物种类确定固体废物
的具体名称。

**依据**《一般工业固体废物管理台账制定指南（试行）》（生态环境部公告　2021年第82号）。

## 表9　一般工业固体废物产生清单（　　年度）

负责人签字：　　　　填表人签字：　　　　填表日期：

| 序号 | 代码 | 名称 | 类别 | 产生环节 | 物理性状 | 主要成分 | 污染特性 | 产废系数/年产生量 |
|---|---|---|---|---|---|---|---|---|
|  |  |  |  |  |  |  |  |  |
|  |  |  |  |  |  |  |  |  |

注：1. 代码：根据实际情况从表16中选择对应的代码。
2. 名称：结合表16中的废物种类确定具体名称。以尾矿为例，应当依据采选的主要矿种名命名，如铁尾矿、铜尾矿、铝尾矿、铅锌尾矿等。
3. 类别：选择第 I 类一般工业固体废物或第 II 类一般工业固体废物。
4. 产生环节：说明固体废物的产生来源，例如在某个设施以某种原辅材料生产某种产品的生产设施编码。
5. 物理性状：选择固态、半固态、液态、气态或其他形态。
6. 主要成分：固体废物含有的典型物质成分，如磷石膏的主要成分为硫酸钙。
7. 污染特性：描述固体废物的特征污染物，以及其释放迁移对大气、水、土壤环境造成的影响。
8. 产废系数/年产生量：单位产品或单位原料所产生的固体废物量，或者填写固体废物的年度产生量。

## 表10　一般工业固体废物流向汇总表（　　年　月）

负责人签字：　　　　填表人签字：　　　　填表日期：

| 代码 | 名称 | 类别 | 产生量 | 贮存量 | 累计贮存量 | 自行利用方式 | 自行利用数量 | 委托利用方式 | 委托利用数量 | 自行处置方式 | 自行处置数量 | 委托处置方式 | 委托处置数量 |
|---|---|---|---|---|---|---|---|---|---|---|---|---|---|
|  |  |  |  |  |  |  |  |  |  |  |  |  |  |
|  |  |  |  |  |  |  |  |  |  |  |  |  |  |

注：

1. 产生量、贮存量、利用量、处置量：均为填表期内的实际发生数量。
2. 累计贮存量：截止到填表当月月底，累计实际贮存总量。
3. 自行／委托利用方式：根据实际情况，简要描述利用技术路线和利用产物。
4. 自行／委托处置方式：根据实际情况，选择焚烧、填埋、其他处置方式。
5. 利用／处置数量：原则上应以"t"为单位计量，如以其他单位计量则应说明计量单位，并通过估算换算成以"t"计量。

## 表 11　一般工业固体废物出厂环节记录表

记录表编号：　　　　　　　　　　　　　　负责人签字：　　　　　　　　　　填表日期：

| 代码 | 名称 | 出厂时间 | 出厂数量（单位） | 出厂环节经办人（单位） | 运输单位 | 运输信息 | 运输方式 | 接收单位 | 流向类型 |
|---|---|---|---|---|---|---|---|---|---|
| | | | | | | | | | |
| | | | | | | | | | |

注：

1. 记录表编号：可采用"出厂"首字母加年月日再加编号的方式设计，例如"CC20210731001"，也可根据需要自行设计。
2. 出厂时间：原则上应精确至"分"。
3. 出厂数量：原则上应以"t"为单位计量，如以其他单位计量则应说明计量单位，并通过估算换算成以"t"计量。
4. 运输信息：填写运输车辆车牌号码、驾驶员姓名及联系方式。
5. 运输方式：选择公路、铁路、水路。
6. 流向类型：选择省内转移、跨省转移、越境转移。

## 表 12　一般工业固体废物产生环节记录表

记录表编号：　　　生产设施编码：　　　废物产生部门负责人：　　　填表日期：

| 代码 | 名称 | 产生时间 | 产生数量（单位） | 转移时间 | 转移去向 | 产生部门经办人 | 运输经办人 |
|---|---|---|---|---|---|---|---|
|  |  |  |  |  |  |  |  |
|  |  |  |  |  |  |  |  |
|  |  |  |  |  |  |  |  |

注：1. 记录表编号：可采用"产生"首字母加年月日再加编号的方式设计，例如"CS20210731001"，也可根据需要自行设计。
2. 生产设施编码：填写排污许可证载明的设施编码，无编码的依据 HJ 608 自行编码。无固定产生环节的固体废物，可不填写编码。
3. 转移去向：是指固体废物在厂内的转移去向，利用等环节产生直接出厂则填写"出厂"。
4. 运输经办人：是指固体废物在厂内的运输经办人员。
5. 对于废物连续产生的情况，产生时间可按日或按班次计，"转移时间"填写"连续产生"，"运输经办人"项可不填写。

## 表 13　一般工业固体废物贮存环节记录表

记录表编号：　　　贮存设施编码：　　　贮存部门负责人：　　　贮存部门经办人：

| 废物来源 | 前序表单编号 | 入库情况 | | | | 运输经办人 | 贮存部门经办人 |
|---|---|---|---|---|---|---|---|
|  |  | 代码 | 名称 | 入库时间 | 入库数量（单位） |  |  |
|  |  |  |  |  |  |  |  |
|  |  |  |  |  |  |  |  |
|  |  |  |  |  |  |  |  |

| 出库时间 | 出库情况 | | | |
| --- | --- | --- | --- | --- |
| | 出库数量（单位） | 废物去向 | 贮存部门经办人 | 运输经办人 |
| | | | | |
| | | | | |
| | | | | |

注：1. 记表表编号："可采用"贮存"首字母加年月日再加编号的方式设计，例如"ZC2021073101"，也可根据需要自行设计。
2. 贮存设施编码：填写排污许可证载明的设施编码，无编码的依据 HJ 608 自行编码。
3. 废物来源：填写废物移出设施（废物产生设施或贮存设施）的编码和名称。
4. 前序表单编号：如废物未自生产环节，则填写表 12 的记录表编号；如废物未自贮存环节，则填写本表的记录表编号，入库时间可接日计。
5. 如废物为连续产生且经过皮带、管道等方式自动入库而无废物运输经办人，则运输经办人可不填，入库时间可接日计。

## 表 14　一般工业固体废物自行利用环节记录表（接收）

记录表编号：
自行利用设施编码：
自行利用部门负责人：
填表日期：

| 废物来源 | | 前序表单编号 | 接收时间 | 接收数量 | 运输经办人 | 自行利用部门经办人 |
| --- | --- | --- | --- | --- | --- | --- |
| 代码 | 名称 | | | | | |
| | | | | | | |

注：1. 记录表编号："可采用"接收"首字母加年月日再加编号的方式设计，例如"JS2021073101"，也可根据需要自行设计。
2. 自行利用设施编码：填写自行利用许可证载明的设施编码，无编码码依据 HJ 608 自行编码。
3. 前序表单编号：如废物未自生产环节，则填写表 12 的记录表编号。
4. 运输经办人：指固体废物在厂内的运输经办人员。

## 表 15　一般工业固体废物自行利用环节记录表（运出）

记录表编号：

自行利用设施编号：

自行利用部门负责人：

填表日期：

| 利用产物名称 | 运出时间 | 运出数量（单位） | 运出去向 | 自行利用部门经办人 | 运输经办人 |
|---|---|---|---|---|---|
|  |  |  |  |  |  |
|  |  |  |  |  |  |
|  |  |  |  |  |  |

注：1. 记录表编号：可采用"运出"首字母加年月日再加编号的方式设计，例如"YC202107311001"，也可根据需要自行设计。
2. 运出去向：根据实际情况填写，利用产物可企业自用，也可对外销售等。
3. 运输经办人：可根据实际情况，填写厂内运输经办人或出厂运输经办人。

## 表 16　一般工业固体废物分类表

| 废物代码 | 废物种类 | 废物描述 |
|---|---|---|
| SW01 | 冶炼废渣 | 黑色金属冶炼、有色金属冶炼、贵金属冶炼等产生的固体废物（不含赤泥），包括炼铁产生的高炉渣、炼钢产生的钢渣、电解锰产生的锰渣等 |
| SW02 | 粉煤灰 | 从燃煤过程产生烟气中收捕下来的细微固体颗粒物，不包括从燃煤设施炉膛排出的灰渣，主要来自火力发电和其他使用燃煤设施的行业 |
| SW03 | 炉渣 | 燃烧设备从炉膛排出的灰渣（不含冶炼废渣），不包括燃料燃烧过程中产生的烟尘 |
| SW04 | 煤矸石 | 煤炭开采、洗选产生的矸石以及煤泥等固体废物 |
| SW05 | 尾矿 | 金属、非金属矿山开采出的矿石，经选矿厂选出有价值的精矿后产生的固体废物，包括铁矿、铜矿、铅矿、铅锌矿、金矿（涉氰或浮选）、钨钼矿、硫铁矿、萤石矿、石墨矿等矿石选矿后产生的尾矿 |

| 废物代码 | 废物种类 | 废物描述 |
|---|---|---|
| SW06 | 脱硫石膏 | 废气脱硫的湿式石灰石／石膏法工艺中，吸收剂与烟气中 $SO_2$ 等反应后生成的副产物 |
| SW07 | 污泥 | 各类污水处理产生的固体沉淀物 |
| SW09 | 赤泥 | 从铝土矿中提炼氧化铝后排出的污染性废渣，一般含氧化铁量大，外观与赤色泥土相似 |
| SW10 | 磷石膏 | 在磷酸生产中用硫酸分解磷矿时产生的二水硫酸钙，酸不溶物、未分解磷矿及其他杂质的混合物；主要来自磷肥制造业 |
| SW11 | 工业副产石膏 | 工业生产活动中产生的以硫酸钙为主要成分的石膏类废物，包括氟石膏、硼石膏、钛石膏、芒硝石膏、盐石膏、柠檬酸石膏等，不含硫磷石膏 |
| SW12 | 钻井岩屑 | 石油、天然气开采活动以及其他采矿业产生的钻井岩屑等矿业固体废物，不包括煤矸石、尾矿 |
| SW13 | 食品残渣 | 农副食品加工、食品制造等产生的有机物类固体废物，包括各类农作物、牲畜、水产品加工残余物等 |
| SW14 | 纺织皮革业废物 | 纺织、皮革、服装等行业产生的固体废物，包括丝、麻、棉边角料等 |
| SW15 | 造纸印刷业废物 | 造纸业、印刷业产生的固体废物，包括造纸白泥等 |
| SW16 | 化工废物 | 石油煤炭加工、化工行业、医药制造业产生的固体废物，包括气化炉渣、电石渣等 |

注：1. 本表的目的是为固体废物环境管理提供便利，不是固体废物鉴别或危险废物鉴别的依据。
    2. 列入本表的一般工业固体废物，是指按照国家规定的标准和程序判定不属于危险废物的工业固体废物。

## Q139. 实验室一般工业固体废物管理台账如何保存？

A 可建立电子台账进行记录，自行开发的电子台账要实现与国家系统对接。建立电子台账的产废单位，可不再记录纸质台账。

**依据** 关于发布《一般工业固体废物管理台账制定指南（试行）》（生态环境部公告　2021 年第 82 号）。

## Q140. 实验室一般工业固体废物管理台账要保存多久？

A 不少于 5 年。

**依据** 关于发布《一般工业固体废物管理台账制定指南（试行）》的公告（生态环境部公告　2021 年第 82 号）。

## Q141. 实验室一般工业固体废物贮存场所有哪些要求？

A 产生、收集、贮存、运输、利用、处置固体废物的单位和其他生产经营者，应当采取防扬散、防流失、防渗漏或者其他防止污染环境的措施，不得擅自倾倒、堆放、丢弃、遗撒固体废物。

产生工业固体废物的单位应当根据经济、技术条件对工业固体废物加以利用；对暂时不利用或者不能利用的，应当按照国务院生态环境等主管部门的规定建设贮存设施、场所，安全分类存放，或者采取无害化处置措施。贮存工业固体废物应当采取符合国家生态环境保护标准的防护措施。建设工业固体废物贮存、处置的设施、场所，应当符合国家生态环境保护标准。

**依据**　《中华人民共和国固体废物污染环境防治法》第二十条、第四十条。

## Q142. 实验室一般工业固体废物贮存场所规范化设置要求有哪些？

*A* 固体废物贮存场所需设置标志牌，标志牌应设在与其功能相应的醒目处。标志牌必须保持清晰、完整。当发现形象损坏、颜色污染或有变化、褪色等不符合本标准的情况，应及时修复或更换。检查时间至少每年 1 次。标志牌形状见图 3。

（a）提示图形符号　　　　（b）警告图形符号

**图3　一般工业固体废物贮存场所标志牌**

　　**依据**《环境图形保护标志—固体废物贮存（处置）场》（GB 15562.2—1995）。

# 三、实验室危险废物管理要求

## Q143. 实验室主要包含哪些危险废物？

A实验室危险废物是指在教学、研究、开发和检测活动中，化学、生物等实验室产生的具有危险性的固体废物。其包括无机废液、有机废液、固态废弃化学试剂，以及含有或直接沾染危险废物的实验室检测样品、废弃包装物、废弃容器、清洗杂物、防护用品、过滤介质和报废实验工器具等。清洗沾染危险废物实验仪器时，第一遍振荡冲洗废水纳入实验室危险废物的管理与处置。

**依据** 《南京市实验室危险废物污染防治工作指导手册（试行）》（2020年3月）。

## Q144. 如何判断实验室危险废物管理级别？

**A** 根据危险废物的产生数量和环境风险等因素，分为危险废物环境重点监管单位、危险废物简化管理单位和危险废物登记管理单位。

（1）危险废物环境重点监管单位

具备下列条件之一的单位，纳入危险废物环境重点监管单位：

1）同一生产经营场所危险废物年产生量100 t及以上的单位；

2）具有危险废物自行利用处置设施的单位；

3）持有危险废物经营许可证的单位。

（2）危险废物简化管理单位

同一生产经营场所危险废物年产生量10 t及以上且未纳入危险废物环境重点监管单位的单位。

（3）危险废物登记管理单位

同一生产经营场所危险废物年产生量10 t以下且未纳入危险废物环境重点监管单位的单位。

**依据** 《危险废物管理计划和管理台账制定技术导则》（HJ 1259—2022）。

## Q145. 实验室应该如何制订危险废物管理计划？

A 危险废物管理计划应当包括减少危险废物产生量和降低危险废物危害性的措施以及危险废物贮存、利用、处置措施。危险废物管理计划应报送产生危险废物的单位所在地生态环境主管部门备案。

**依据** 《中华人民共和国固体废物污染环境防治法》第七十八条。

## Q146. 实验室危险废物管理台账记录的基本原则是什么？

A 产生危险废物的单位可建立电子管理台账和纸质管理台账两种台账形式，如实建立各环节的危险废物管理台账，落实危险废物管理台账记录的责任人，明确工作职责。

**依据**

（1）《中华人民共和国固体废物污染环境防治法》第七十八条；

（2）《危险废物管理计划和管理台账制定技术导则》（HJ 1259—2022）。

## Q147. 实验室危险废物管理台账记录的内容是什么？

A 实验室危险废物管理台账应按环节进行记录，包括产生环节、入库环节、出库环节、自行利用/处置环节、委外利用/处置环节。

危险废物产生环节，应记录产生批次编码、产生时间、危险废物名称、危险废物类别、危险废物代码、产生量、计量单位、容器/包装编码、容器/包装类型、容器/包装数量、产生危险废物设施编码、产生部门经办人、去向等（表17）。

危险废物入库环节，应记录入库批次编码、入库时间、容器/包装编码、容器/包装类型、容器/包装数量、危险废物名称、危险废物类别、危险废物代码、入库量、计量单位、贮存设施编码、贮存设施类型、运送部门经办人、贮存部门经办人、产生批次编码等（表18）。

危险废物出库环节，应记录出库批次编码、出库时间、容器/包装编码、容器/包装类型、容器/包装数量、危险废物名称、危险废物类别、危险废物代码、出库量、计量单位、贮存设施编码、贮存设施类型、出库部门经办人、运送部门经办人、入库批次编码、去向等（表 19）。

危险废物产生单位自行利用／处置环节，应记录自行利用／处置批次编码、自行利用／处置时间、容器／包装编码、容器／包装类型、容器／包装数量、危险废物名称、危险废物类别、危险废物代码、自行利用／处置量、计量单位、自行利用／处置设施编码、自行利用／处置方式、自行利用／处置完毕时间、自行利用／处置部门经办人、产生批次编码／出库批次编码等（表 20）。

危险废物委外利用／处置环节，应记录委外利用／处置批次编码、出厂时间、容器／包装编码、容器／包装类型、容器／包装数量、危险废物名称、危险废物类别、危险废物代码、委外利用／处置量、计量单位、利用／处置方式、接收单位类型、危险废物经营许可证持有单位、危险废物利用处置环节豁免管理单位，中华人民共和国境外的危险废物利用处置单位、产生批次编码／出库批次编码等（表 21）。

　**依据**　《危险废物管理计划和管理台账制定技术导则》（HJ 1259—2022）。

**表 17　危险废物产生环节记录表**

| 序号 | 产生批次编码 | 产生时间 | 危险废物名称 | | 危险废物类别 | 危险废物代码 | 产生量 | 计量单位 | 容器/包装编码 | 容器/包装类型 | 容器/包装数量 | 产生危险废物设施编码 | 产生部门经办人 | 去向 |
|---|---|---|---|---|---|---|---|---|---|---|---|---|---|---|
| | | | 行业俗称/单位内部名称 | 国家危险废物名录名称 | | | | | | | | | | |
| 1 | | | | | | | | | | | | | | |
| 2 | | | | | | | | | | | | | | |
| 3 | | | | | | | | | | | | | | |

**表 18　危险废物入库环节记录表**

| 序号 | 入库批次编码 | 入库时间 | 危险废物名称 | | 危险废物类别 | 危险废物代码 | 入库量 | 计量单位 | 容器/包装编码 | 容器/包装类型 | 容器/包装数量 | 贮存设施编码 | 贮存设施类型 | 运送部门经办人 | 贮存部门经办人 | 产生批次编码 |
|---|---|---|---|---|---|---|---|---|---|---|---|---|---|---|---|---|
| | | | 行业俗称/单位内部名称 | 国家危险废物名录名称 | | | | | | | | | | | | |
| 1 | | | | | | | | | | | | | | | | |
| 2 | | | | | | | | | | | | | | | | |
| 3 | | | | | | | | | | | | | | | | |

## 表 19　危险废物出库环节记录表

| 序号 | 出库批次编码 | 出库时间 | 容器/包装编码 | 容器/包装类型 | 容器/包装数量 | 危险废物名称 | | | 出库量 | 计量单位 | 贮存设施编码 | 贮存设施类型 | 出库部门经办人 | 运送部门经办人 | 入库批次编码 | 去向 |
|---|---|---|---|---|---|---|---|---|---|---|---|---|---|---|---|---|
| | | | | | | 行业俗称/单位内部名称 | 国家危险废物名录名称 | 危险废物代码 | | | | | | | | |
| 1 | | | | | | | | | | | | | | | | |
| 2 | | | | | | | | | | | | | | | | |
| 3 | | | | | | | | | | | | | | | | |

## 表 20　危险废物产生单位自行利用/处置环节记录表

| 序号 | 自行利用/处置批次编码 | 自行利用/处置时间 | 容器/包装编码 | 容器/包装类型 | 容器/包装数量 | 危险废物名称 | | | 危险废物代码 | 自行利用/处置量 | 计量单位 | 自行利用/处置设施编码 | 自行利用/处置方式 | 自行利用/处置完毕时间 | 自行利用/处置部门经办人 | 产生批次编码/出库批次编码 |
|---|---|---|---|---|---|---|---|---|---|---|---|---|---|---|---|---|
| | | | | | | 行业俗称/单位内部名称 | 国家危险废物名录名称 | 危险废物类别 | | | | | | | | |
| 1 | | | | | | | | | | | | | | | | |
| 2 | | | | | | | | | | | | | | | | |
| 3 | | | | | | | | | | | | | | | | |

**表 21　危险废物委外利用／处置记录表**

| 序号 | 委外利用/处置批次编码 | 出厂/时间 | 容器/包装编码 | 容器/包装类型 | 容器/包装数量 | 危险废物名称 | | 危险废物类别 | 危险废物代码 | 委外利用/处置量 | 计量单位 | 利用/处置方式 | 接收单位类型 | 危险废物经营许可证持有单位 | | 危险废物利用处置环节豁免管理单位 | 中华人民共和国境外的危险废物利用处置单位 | | 产生批次编码/出库批次编码 |
|---|---|---|---|---|---|---|---|---|---|---|---|---|---|---|---|---|---|---|---|
| | | | | | | 行业俗称/单位内部名称 | 国家危险废物名录名称 | | | | | | | 单位名称 | 许可证编码 | 单位名称 | 单位名称 | 出口核准通知单编号 | |
| 1 | | | | | | | | | | | | | | | | | | | |
| 2 | | | | | | | | | | | | | | | | | | | |
| 3 | | | | | | | | | | | | | | | | | | | |

## Q148. 危险废物管理台账记录频次有什么要求？

A 产生后盛放至容器和包装物的，应按每个容器和包装物进行记录；产生后采用管道等方式输送至贮存场所的，按日记录；其他特殊情形的，根据危险废物产生规律确定记录频次。

**依据** 《危险废物管理计划和管理台账制定技术导则》（HJ 1259—2022）。

## Q149. 实验室危险废物管理台账要保存多久？

A 5 年以上。

**依据** 《危险废物管理计划和管理台账制定技术导则》（HJ 1259—2022）。

## Q150. 实验室危险废物申报有什么要求？

A 产生危险废物的单位应定期通过国家危险废物信息管理系统向所在地生态环境主管部门申报危险废物的种类、产生量、流向、贮存、利用、处置等有关资料。应根据危险废物管理台账记录归纳总结申报期内危险废物有关情况，保证申报内容的真实性、准确性和完整性，按时在线提交至所在地生态环境主管部门，台账记录留存备查。产生危险废物的单位可以自行申报，也可以委托危险废物经营许可证持有单位或者经所在地生态环境主管部门同意的第三方单位代为申报。

**依据** 《危险废物管理计划和管理台账制定技术导则》（HJ 1259—2022）。

## Q151. 实验室危险废物申报内容是什么？

A 申报内容包括危险废物产生情况、危险废物自行利用 / 处置情况、危险废物委托外单位利用 / 处置情况、贮存情况。

**依据** 《危险废物管理计划和管理台账制定技术导则》（HJ 1259—2022）。

## Q152. 实验室危险废物申报周期是多久？

A 根据不同管理级别，申报周期存在不同，重点管理单位需按月度和年度进行申报，于每月 15 日前和每年 3 月 31 日前完成申报工作；简化管理单位需按季度和年度进行申报，于每季度首月 15 日前和每年

3 月 31 日前完成申报工作；登记管理单位需按年度进行申报，于每年 3 月 31 日前完成上一年度申报工作。

**依据**　《危险废物管理计划和管理台账制定技术导则》（HJ 1259—2022）。

## Q153. 实验室危险废物投放要求是什么？

A 不相容的危险废物不可放置同一容器内。

**依据**　《实验室危险废物污染防治技术规范》（DB3201/T 1168—2023）。

## Q154. 实验室危险废物贮存要求是什么？

A 实验室危险废物贮存于贮存点或贮存库内，需满足以下要求：

（1）需采取必要的防风、防晒、防雨、防漏、防渗、防腐以及其他环境污染防治措施，不应露天堆放危险废物；

（2）避免不相容的危险废物接触、混合；

（3）贮存设施地面与裙脚应采取表面防渗措施；

（4）贮存库内不同贮存分区之间应采取隔离措施；

（5）应设置气体收集装置和气体净化设施；

（6）应当按照规定设置危险废物识别标志（贮存场所、容器、包装物）；

（7）贮存点不得设置于走廊、过道、道路、广场、绿地等公共区域。

**依据**

（1）《中华人民共和国固体废物污染环境防治法》第七十七条、第七十九条；

（2）《实验室危险废物污染防治技术规范》（DB3201/T 1168—2023）。

## Q155. 实验室危险废物转运要求是什么？

*A* （1）填写危险废物电子或者纸质转移联单；

（2）从贮存点转运至贮存库，至少 2 人参与转运；

（3）运输工具需满足安全环保要求，需设置泄漏液体收集装置及并配备应急物资；

（4）运输路线应避开人员聚集地；

（5）转运人员需携带必要的个人防护用具和应急物资；

（6）实验室危险废物应委托有危险废物经营许

可证的单位处置。

依据

（1）《中华人民共和国固体废物污染环境防治法》第八十二条；

（2）《实验室危险废物污染防治技术规范》（DB3201/T 1168—2023）。

## Q156. 实验室危险废物跨省转移的要求是什么？

**A** 向危险废物移出地及接收地生态环境主管部门申请。批准信息通报相关省、自治区、直辖市人民政府生态环境主管部门和交通运输主管部门。

依据 《中华人民共和国固体废物污染环境防治法》第八十二条。

## Q157. 实验室危险废物标签应标注哪些内容？

**A** 标签应以醒目的字样标注"危险废物"，包含废物名称、废物类别、废物代码、废物形态、危险特性、主要成分、有害成分、注意事项、产生／收集单位名称、联系人、联系方式、产生日期、废物重量和备注，设置危险废物数字识别码和二维码。

**依据** 《危险废物识别标志设置技术规范》（HJ 1276—2022）。

## Q158. 实验室危险废物识别标志设置要求是什么？

A 要求内容填报完整，设置二维码，危险废物标签位置应明显可见且易读，容积超过 450 L 的容器或包装物，应在相对的两面均设置危险废物标签。

**依据** 《危险废物识别标志设置技术规范》（HJ 1276—2022）。

## Q159. 危险废物识别标志有哪些？

A 危险废物识别标志包括危险废物标签、危险废物贮存分区标志、危险废物处置设施标志（横版、竖版）、危险废物利用设施标志（横版、竖版）、危险废物贮存设施标志（横版、竖版）、危险特性标志（毒性、反应性、腐蚀性、易燃性）等，详见图 4。

（a）危险废物标签

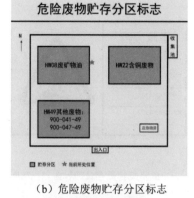

（b）危险废物贮存分区标志

（c）危险废物处置设施标志——横版

（d）危险废物处置设施标志——竖版

（e）危险废物利用设施标志——横版

（f）危险废物利用设施标志——竖版

（g）危险废物贮存设施标志——横版    （h）危险废物贮存设施标志——竖版

（i）危险特性标志——毒性    （j）危险特性标志——反应性

（k）危险特性标志——腐蚀性    （l）危险特性标志——易燃性

**图 4　危险废物识别标志**

**依据**《危险废物识别标志设置技术规范》（HJ 1276—2022）。

## ℚ160. 危险废物标识制作有何要求？

*A* 危险废物标签，危险废物贮存分区标志，危险废物贮存、利用、处置设施标志各要求如下：

危险废物标签：危险废物标签背景色采用醒目的橘黄色，标签边框和字体颜色为黑色，字体采用黑体字，字样应加粗放大。

危险废物贮存分区标志：危险废物分区标志背景色采用黄色，废物种类信息采用橘黄色，字体颜色为黑色，字样应加粗放大并居中显示。

危险废物贮存、利用、处置设施标志：危险废物设施标志背景颜色为黄色，字体和边框颜色为黑色，字体采用黑体字，字样应加粗放大并居中显示。

**依据**《危险废物识别标志设置技术规范》（HJ 1276—2022）。

# 四、常见违法行为

## Q161. 实验室一般工业固体废物档案管理常见违法行为有哪些？

A （1）未依法及时公开固体废物污染环境防治信息；

（2）跨省转移贮存、处置未经批准；

（3）跨省转移利用未报备案；

（4）未建立固体废物管理台账并未如实记录；

（5）非法委托他人运输、利用、处置工业固体废物。

**依据** 《中华人民共和国固体废物污染环境防治法》第一百零二条。

## Q162. 实验室一般工业固体废物现场管理常见违法行为有哪些？

A （1）擅自倾倒、堆放、丢弃、遗撒工业固体废物，或者未采取相应防范措施；

（2）未采取符合国家环境保护标准的防护措施的；

（3）导致污染环境、破坏生态。

**依据** 《中华人民共和国固体废物污染环境防治

法》第一百零二条。

## Q163. 危险废物档案管理常见违法行为有哪些？

A（1）未制订危险废物管理计划或者申报危险废物有关资料；

（2）未按照国家有关规定填写转移联单或者未经批准擅自转移危险废物；

（3）未建立危险废物管理台账并如实记录；

（4）将危险废物提供或者委托给无许可证的单位处置使用。

**依据** 《中华人民共和国固体废物污染环境防治法》第一百一十二条。

## Q164. 危险废物现场管理常见违法行为有哪些？

A（1）未设置危险废物识别标志；

（2）擅自倾倒、堆放危险废物；

（3）未按要求贮存、利用、处置，或存在混放行为；

（4）非法转运行为；

（5）未采取防范措施，导致环境污染；

（6）在运输过程中沿途丢弃、遗撒危险废物。

**依据**　《中华人民共和国固体废物污染环境防治法》第一百一十二条。

## Q165. 造成固体废物污染环境事故处以何种处罚？

A 造成一般或者较大污染环境事故的，按照事故造成的直接经济损失的一倍以上三倍以下计算罚款；造成重大或者特大固体废物污染环境事故的，按照事故造成的直接经济损失的三倍以上五倍以下计算罚款，并对法定代表人、主要负责人、直接负责的主管人员和其他责任人员处上一年度从本单位取得的收入百分之五十以下的罚款。

**依据**　《中华人民共和国固体废物污染环境防治法》第一百一十八条。

# Q166. 哪些危险废物相关违法行为会造成刑事拘留？

*A* （1）擅自倾倒、堆放、丢弃、遗撒固体废物，造成严重后果；

（2）将危险废物提供或者委托给无许可证的单位或者其他生产经营者堆放、利用、处置；

（3）未经批准擅自转移危险废物；

（4）未采取防范措施，造成危险废物扬散、流失、渗漏或者其他严重后果。

**依据** 《中华人民共和国固体废物污染环境防治法》第一百二十条。

第六篇

# 噪声污染防治

# 一、实验室噪声源管理要求

## Q167. 实验室环境噪声污染源包括哪些？

A 实验室环境噪声污染源包括空气动力性噪声、机械设备噪声、电磁噪声、附属设施噪声。主要是实验过程中产生噪声和振动的实验设备、通风系统、空调系统等。

**依据** 《环境噪声与振动控制工程技术导则》（HJ 2034—2013）。

## Q168. 实验室噪声污染排放源规范化应遵循哪些原则？

A 便于采集样品，便于计量监测，便于日常现场监督检查。

**依据** 《排污口规范化整治技术要求（试行）》（环监〔1996〕470号）。

## Q169. 实验室噪声污染排放源规范化技术要求有哪些?

*A* （1）凡厂界噪声超出功能区环境噪声标准要求的，其噪声源均应进行整治。

（2）根据不同噪声源情况，可采取减振降噪，吸声处理降噪、隔声处理降噪等措施，使其达到功能区标准要求。

（3）在固定噪声源厂界噪声敏感且对外界影响最大处设置该噪声源的监测点。噪声排放源标志牌应设置在距选定监测点较近且醒目处。

**依据** 《排污口规范化整治技术要求（试行）》（环监〔1996〕470号）。

## Q170. 实验室噪声污染排放源标志牌的具体要求有哪些?

*A* （1）噪声排放源图形符号分为提示图形符号和警告图形符号两种，表示噪声向外环境排放；

（2）辅助标志字型为黑体字；

（3）平面固定式标志牌外形尺寸：

提示标志：480 mm×300 mm；

警告标志：边长 420 mm。

（4）立式固定式标志牌外形尺寸：

提示标志：420 mm×420 mm；

警告标志：边长 560 mm；

高度：最上端距地面 2 m、地下 0.3 m；

（5）标志牌采用 1.5～2 mm 的冷轧钢板，立柱采用 38 mm×4 mm 的无缝钢管，表面采用搪瓷或者反光贴膜；

（6）标志牌表面搪瓷处理或贴膜处理、端面及立柱需防腐处理；

（7）标志牌及立柱无明显变形，标志牌表面完整，图形符号见图 5。

（a）提示图形符号　　　　（b）警告图形符号

图 5　噪声排放源标识

**依据**《关于印发排放口标志牌技术规格的通知》（环办〔2003〕95 号）。

# 二、实验室噪声污染防治要求

## Q171. 实验室噪声污染防治监督管理要求是什么？

*A* 排放噪声、产生振动，应当符合噪声排放标准以及相关的环境振动控制标准和有关法律、法规、规章的要求。

排放噪声的单位和公共场所管理者，应当建立噪声污染防治责任制度，明确负责人和相关人员的责任。

**依据** 《中华人民共和国噪声污染防治法》第二十二条。

## Q172. 实验室隔声、隔振具体要求是什么？

*A* 实验室隔声、隔振要求如下：

（1）当环境噪声超标时，建筑物围护结构应采取隔声措施。

（2）对噪声和振动敏感的实验室或实验台，应远离噪声和振动源，并采取适当的隔声、隔振措施。

（3）对于实验过程中产生噪声的实验室，应采取隔声和消声措施，避免对实验室其他功能区的干扰。

独立隔离的噪声源实验室应采取隔声和消声措施，应符合所在地的噪声排放限值 GB 12348 的规定。

（4）对于实验过程中产生振动的实验室，应采取隔振、隔离措施，避免对实验室其他功能区的干扰。

（5）独立隔离的振动源实验室，应采取消声隔振措施，应符合 GB/T 10071 的规定。

（6）楼内及屋面的空调机房、排风机房等，其设备基础及管道支架等应采取隔振措施。

**依据**

（1）《中华人民共和国噪声污染防治法》第三十五条；

（2）《检验检测实验室技术要求验收规范》（GB/T 37140—2018）。

## Q173. 实验室产生噪声和振动的设备如何布置？

A 实验室产生噪声和振动的实验设备布置：有隔振要求的实验室宜组合在一起。较大振动或噪声较大的设备宜布置在建筑物的底层。

**依据**

（1）《中华人民共和国噪声污染防治法》第三十五条；

（2）《检验检测实验室技术要求验收规范》（GB/T 37140—2018）。

## Q174. 实验室供暖通风与空气调节如何消声与隔振？

A 实验室供暖通风与空气调节消声与隔振要求如下：

（1）实验室的送排风机及集中送风的空调机组宜设置在实验室房间之外，数量较多时应设在专用的风机房内。

（2）设置在实验室内的各种设备均应选用低噪声产品。

（3）通风系统、空调系统所产生的噪声，当依靠自然衰减不能达到允许的噪声标准时，应设置消声设备或采取其他消声措施。系统所需的消声量和消声设备的选择，应通过计算确定。

（4）暴露在室外的设备，当其噪声达不到环境噪声标准要求时，应采取降噪措施。

（5）通风、空调设备产生的振动，当依靠自然衰减不能满足要求时，应设置隔振器或采取其他隔振措施。

（6）精密设备、精密仪器仪表的容许振动值应由生产工艺和设备制造部门提供。当无法获得上述数值时，按照 GB 50463 的有关规定执行。

（7）对于没有自带隔振装置的设备，当其转速小于等于 1 500 r/min 时，宜选用弹簧减振器；当其转速大于 1 500 r/min 时，根据环境需求和设备振动的大小，也可选用橡胶等弹性材料的隔振垫块或橡胶隔振器。

（8）受设备振动影响的管道应采用弹性支吊架。

**依据** 《检验检测实验室技术要求验收规范》（GB/T 37140—2018）。

# 三、噪声监测要求

## Q175. 实验室噪声污染是否需要开展自行监测？

A实行排污许可管理的单位应当按照规定，对工业噪声开展自行监测，保存原始监测记录，向社会公开监测结果，对监测数据的真实性和准确性负责。

噪声重点排污单位应当按照国家规定，安装、使用、维护噪声自动监测设备，与生态环境主管部门的监控设备联网。

**依据** 《中华人民共和国噪声污染防治法》第三十八条。

## Q176. 实验室噪声污染自行监测有哪些要求？

*A* 实验室噪声污染自行监测一般要求：

（1）制定监测方案。

（2）设置和维护监测设施。

（3）开展自行监测。

（4）做好监测质量保证与质量控制。

（5）记录和保存监测数据。

**依据**

（1）《排污单位自行监测技术指南　总则》（HJ 819—2017）；

（2）《排污许可证申请与核发技术规范　工业噪声》（HJ 1301—2023）。

## Q177. 实验室噪声污染自行监测点位如何确定？

*A* 实验室厂界环境噪声监测点位：工业企业厂界布设多个监测点位，一般情况下，监测点位选在工业企业厂界外 1 m、高度 1.2 m 以上、距任一反射面距离不小于 1 m 的位置。

**依据**

（1）《工业企业厂界环境噪声排放标准》（GB 12348—2008）；

（2）《排污单位自行监测技术指南  总则》（HJ 819—2017）。

## Q178. 实验室噪声污染自行监测频次如何确定？

**A** 实验室厂界环境噪声每季度至少开展一次监测，夜间生产的要监测夜间噪声。

**依据** 《排污单位自行监测技术指南  总则》（HJ 819—2017）。

## 四、常见违法行为

## Q179. 常见新建实验室噪声污染排放违法行为有哪些？

**A** 涉及新建噪声污染排放实验室的环境违法行为：在噪声敏感建筑物集中区域新建排放噪声的实验室，未采取有效措施防止工业噪声污染。

违法后果：由生态环境主管部门责令停止违法行为，处十万元以上五十万元以下的罚款，并报经有批准权的人民政府批准，责令关闭。

**依据**《中华人民共和国噪声污染防治法》第七十四条。

## Q180. 常见实验室建设期噪声污染排放违法行为有哪些？

**A** 涉及实验室建设期噪声污染排放的环境违法行为包括：

（1）超过噪声排放标准排放建筑施工噪声的。

（2）未按照规定取得证明，在噪声敏感建筑物集中区域夜间进行产生噪声的建筑施工作业的。

**依据**《中华人民共和国噪声污染防治法》第七十七条。

## Q181. 常见实验室运营期噪声污染排放违法行为有哪些？

**A** 实验室运营期涉及噪声污染排放的环境违法行为包括：

（1）超过噪声排放标准排放工业噪声。

（2）实行排污许可管理的单位未按照规定对工业噪声开展自行监测，未保存原始监测记录，或者未向社会公开监测结果的。

违法后果：由生态环境主管部门责令改正或者限制生产、停产整治，并处二万元以上二十万元以下的罚款；情节严重的，报经有批准权的人民政府批准，责令停业、关闭。

**依据**　《中华人民共和国噪声污染防治法》第七十五条、第七十六条。

# 第七篇

# 应急管理

# 一、应急管理基本要求

## Q182. 实验室环境应急管理工作包括哪些内容？

A 实验室开展应急管理工作，主要包括以下内容：

（1）开展突发环境事件风险评估，确定风险等级；

（2）制定突发环境事件应急预案并备案；

（3）建立健全隐患排查治理制度，开展隐患排查治理工作和建立档案；

（4）开展突发环境事件应急培训，如实记录培训情况；

（5）储备必要的环境应急装备和物资；

（6）开展突发环境事件应急演练，建立演练台账。

**依据** 《企业突发环境事件隐患排查和治理工作指南（试行）》（环境保护部公告　2016 年第 74 号）。

## Q183. 实验室是否需要编制环境应急预案并备案？

A 使用危险化学品或生产危险废物的实验室，需要编制环境应急预案并备案。

**依据**

（1）《企业事业单位突发环境事件应急预案备案管理办法（试行）》（环发〔2015〕4号）第三条；

（2）《中华人民共和国固体废物污染环境防治法》第八十五条。

## 二、应急演练要求

### Q184. 实验室环境应急演练的目的是什么？

**A** 实验室环境应急演练的目的主要有检验预案、锻炼队伍、磨合机制、宣传教育、完善准备和提高处置能力等。

**依据**《企业环境应急演练技术规范》（DB 4112/T 299—2021）。

### Q185. 实验室环境应急演练类型有哪些？

**A** 实验室环境应急演练按演练内容分为综合演练和单项演练；按演练形式分为实战演练和桌面演练；按演练目的与作用分为示范性演练和研究性演练，不同类型的演练可相互组合。

**依据**《企业环境应急演练技术规范》（DB 4112/T 299—2021）。

## Q186. 实验室环境应急演练工作方案包含哪些内容？

A 实验室环境应急演练工作方案主要包括成立演练组织机构、演练目的、应急演练时间与地点、应急演练情景设计、参演部门和人员主要任务及职责、应急演练主要步骤、参演应急物资、应急演练技术支撑及保障条件以及演练评估总结等。

**依据**《企业环境应急演练技术规范》（DB 4112/T 299—2021）。

## Q187. 实验室环境应急演练的步骤有哪些？

A 实验室环境应急演练的步骤：

（1）桌面演练；

（2）检查确认；

（3）演练执行；

（4）现场解说；

（5）演练记录；

（6）评估观察；

（7）演练结束。

**依据**《企业环境应急演练技术规范》（DB 4112/T 299—2021）。

## Q188. 实验室环境应急演练总结包括哪些内容？

*A* 在演练现场可安排企业领导或观摩单位领导对演练活动进行口头总结，事后进行书面总结。书面总结报告主要依据演练评估记录和其他信息资料对应急演练准备、策划和实施等工作进行简要总结分析，评估演练目标的实现情况、预案的合理性与可操作性、应急指挥人员的指挥协调能力、参演人员的处置能力、演练所用设备装备的适用性，重点是描述演练中暴露的问题和对完善预案、应急准备、应急机制、处置措施等方面的意见与建议。

演练总结报告的内容主要包括：

（1）演练基本概况；

（2）评估应急能力；

（3）演练发现的问题，取得的经验和教训；

（4）改进环境应急管理的建议。

**依据** 《企业环境应急演练技术规范》（DB 4112/T 299—2021）。

# 三、隐患排查要求

## Q189. 环境隐患的分级原则是什么？

A 根据可能造成的危害程度、治理难度及企业突发环境事件风险等级，隐患分为重大突发环境事件隐患（简称重大隐患）和一般突发环境事件隐患（简称一般隐患）。

**依据** 《企业突发环境事件隐患排查和治理工作指南（试行）》（环境保护部公告 2016年第74号）。

## Q190. 实验室环境隐患排查的类型有哪些？

A 实验室环境隐患排查分为综合排查、日常排查、专项排查及抽查等方式。

**依据** 《企业突发环境事件隐患排查和治理工作指南（试行）》（环境保护部公告 2016年第74号）。

## Q191. 实验室环境隐患排查的频次有什么要求?

A 综合排查是指企业以厂区为单位开展全面排查,一年应不少于 1 次。日常排查是指以班组、工段、车间为单位,组织的对单个或几个项目采取日常的、巡视性的排查工作,一个月应不少于 1 次。专项排查是在特定时间或对特定区域、设备、措施进行的专门性排查。其频次根据实际需要确定。同时,企业可根据自身管理流程,采取抽查方式排查隐患。

**依据**《企业突发环境事件隐患排查和治理工作指南(试行)》(环境保护部公告　2016 年第 74 号)。

# 四、常见违法行为

## Q192. 常见实验室应急管理违法行为有哪些?

A 常见实验室应急管理的违法行为如下:

(1)未按规定开展突发环境事件风险评估工作,确定风险等级;

(2)未按规定开展环境安全隐患排查治理工作,建立隐患排查治理档案;

（3）未按规定对突发环境事件应急预案进行备案；

（4）未按规定开展突发环境事件应急培训，如实记录培训情况；

（5）未按规定储备必要的环境应急装备和物资；

（6）未按规定公开突发环境事件相关信息；

（7）未制定危险废物意外事故防范措施和应急预案。

**依据**

（1）《突发环境事件应急管理办法》第三十八条；

（2）《中华人民共和国固体废物污染环境防治法》第一百一十二条。

## Q193. 常见实验室应急管理违规行为有哪些？

A 实验室应急管理常见的违规行为有：

（1）未建立隐患排查治理管理机构；

（2）未制订隐患排查相关治理制度及计划；

（3）未建立隐患排查台账；

（4）未开展隐患排查相关培训等。

**依据** 《企业突发环境事件隐患排查和治理工作指南（试行）》（环境保护部公告 2016年第74号）。